丛书总主编：孙鸿烈　于贵瑞　欧阳竹　何洪林

中国生态系统定位观测与研究数据集

草地与荒漠生态系统卷

内蒙古锡林郭勒站

（2005—2008）

韩兴国　主编

中 国 农 业 出 版 社

图书在版编目（CIP）数据

中国生态系统定位观测与研究数据集．草地与荒漠生态系统卷．内蒙古锡林郭勒站：2005～2008 / 孙鸿烈等主编；韩兴国分册主编．—北京：中国农业出版社，2011.4
ISBN 978-7-109-15548-0

Ⅰ.①中…　Ⅱ.①孙…②韩…　Ⅲ.①生态系-统计数据-中国②草地-生态系-统计数据-锡林郭勒盟-2005～2008③荒漠-生态系-统计数据-锡林郭勒盟-2005～2008　Ⅳ.①Q147②S812③P942.262.73

中国版本图书馆 CIP 数据核字（2011）第 045039 号

中国农业出版社出版
（北京市朝阳区农展馆北路 2 号）
（邮政编码 100125）
责任编辑　刘爱芳　李昕昱

中国农业出版社印刷厂印刷　　新华书店北京发行所发行
2011 年 4 月第 1 版　　2011 年 4 月北京第 1 次印刷

开本：889mm×1194mm　1/16　　印张：4
字数：96 千字
定价：40.00 元

中国生态系统定位观测与研究数据集

丛书编委会

中国生态系统定位观测与研究数据集
内蒙古锡林郭勒站

编委会

主　　编：韩兴国

编　　委：白永飞　潘庆民　何念鹏

序　言

随着全球生态和环境问题的凸显，生态学研究的不断深入，研究手段正在由单点定位研究向联网研究发展，以求在不同时间和空间尺度上揭示陆地和水域生态系统的演变规律、全球变化对生态系统的影响和反馈，并在此基础上制定科学的生态系统管理策略与措施。自20世纪80年代以来，世界上开始建立国家和全球尺度的生态系统研究和观测网络，以加强区域和全球生态系统变化的观测和综合研究。2006年，在科技部国家科技基础条件平台建设项目的推动下，以生态系统观测研究网络理念为指导思想，成立了由51个观测研究站和一个综合研究中心组成的中国国家生态系统观测研究网络（National Ecosystem Research Network of China，简称CNERN）。

生态系统观测研究网络是一个数据密集型的野外科技平台，各野外台站在长期的科学研究中，积累了丰富的科学数据，这些数据是生态学研究的第一手原始科学数据和国家的宝贵财富。这些台站按照统一的观测指标、仪器和方法，对我国农田、森林、草地与荒漠、湖泊湿地海湾等典型生态系统开展了长期监测，建立了标准和规范化的观测样地，获得了大量的生态系统水分、土壤、大气和生物观测数据。系统收集、整理、存储、共享和开发应用这些数据资源是我国进行资源和环境的保护利用、生态环境治理以及农、林、牧、渔业生产必不可少的基础工作。中国国家生态系统观测研究网络的建成对促进我国生态网络长期监测数据的共享工作将发挥极其重要的作用。为切实实现数据的共享，国家生态系统观测研究网络组织各野外台站开展了数据集的编辑出版工作，借以对我国长期积累的生态学数据进行一次系统的、科学的整理，使其更好地发挥这些数据资源的作用，进一步推动数据的共享。

为完成《中国生态系统定位观测与研究数据集》丛书的编纂，CNERN综合研究中心首先组织有关专家编制了《农田、森林、草地与荒漠、湖泊湿地海湾生态系统历史数据整理指南》，各野外台站按照指南的要求，系统地开展了数据整理与出版工作。该丛书包括农田生态系统、草地与荒漠生态系统、森林生态系统以及湖泊湿地海湾生态系统共4卷、51册，各册收集整理了各野外台站的元数据信息、观测样地信息与水分、土壤、大气和生物监测信息以及相关研究成果的数据。相信这一套丛书的出版将为我国生态系统的研究和相关生产活动提供重要的数据支撑。

孙鸿烈

2010年5月

[前　言]

内蒙古锡林郭勒草原生态系统国家野外科学观测研究站（以下简称内蒙古草原站），始建于1979年，其前身是中国科学院内蒙古草原生态系统定位研究站。它依托于中国科学院植物研究所，是我国在温带典型草原区建立的第一个生态系统长期定位研究站。自建站以来，内蒙古草原站以温带典型草原生态系统为研究对象，开展了草原生态系统水分、土壤、气象和生物等要素的长期定位监测和研究工作。

在国家科技基础条件平台建设项目“生态系统网络的联网观测研究及数据共享系统建设”项目的资助下，中国国家生态系统观测研究网络（CNERN）决定出版《中国生态系统定位观测与研究数据集》丛书，以强化国家野外台站信息共享系统建设，并推动国家野外台站对长期监测数据的整理、共享和挖掘。根据该丛书的编写指南，我们严格遵循数据来源清楚、数据质量可靠和标准规范统一的原则，收集和整理了2005—2008年间内蒙古草原站的长期监测数据；内容涵盖内蒙古草原站的数据资源目录、观测场地和样地信息、草原生态系统水分、土壤、气象和生物等要素的监测数据。

全书由韩兴国指导，对编写提纲和内容进行了集中讨论和分工。全书共分5章，第一章和第二章由潘庆民撰写、第三章、第四章和第五章由何念鹏负责整编，全书由韩兴国和白永飞统稿和定稿；另外，在编写过程中还得到了内蒙古草原站全体员工的大力支持和帮助。在该书的编写过程中，我们对监测数据进行了校对和审核，力求数据准确可靠；但书中错误之处在所难免，敬请批评指正。

本数据集可供大专院校、科研院所和地方政府等感兴趣的科技工作者使用；在数据使用过程中，如存在任何疑惑或尚需共享其他的相关数据，请与内蒙古草原站联系，或者访问“内蒙古锡林郭勒草原生态系统国家野外科学观测研究站数据共享系统”网站（http：//www. neimenggu. cern. ac. cn），我们将根据内蒙古草原站的数据共享条例提供数据共享服务。

最后，在该数据集汇编完成之际，我们对中国生态系统研究网络（CERN）水分分中心、土壤分中心、大气分中心和生物分中心的各位专家和技术人员表示衷心的感谢，感谢他们多年来在监测指标体系、监测数据质量控制和审核等方面给予的指导和帮助！同时，我们也要对那些长年坚守在内蒙古草原站的一线观测人员和技术人员表示由衷的谢意，是他们的辛勤劳动和无私奉献为该数据集的出版奠定了坚实的基础！

编　者

2010年2月

目　录

序言
前言

第一章　引言 …… 1

1.1　台站简介 …… 1
1.1.1　地理位置与自然状况 …… 1
1.1.2　功能与定位 …… 2
1.1.3　主要研究领域 …… 2
1.1.4　基础设施 …… 2
1.1.5　承担的主要任务与成果 …… 3
1.1.6　交流与合作 …… 5
1.2　数据整理出版说明 …… 5
1.2.1　数据资料来源 …… 5
1.2.2　数据质量控制 …… 6
1.2.3　数据综合方法 …… 6

第二章　数据资源目录 …… 7

2.1　生物数据资源目录 …… 7
2.2　土壤数据资源目录 …… 7
2.3　水分数据资源目录 …… 8
2.4　气象数据资源目录 …… 8

第三章　观测场和采样地 …… 9

3.1　概述 …… 9
3.2　观测场和采样地介绍 …… 9
3.2.1　综合观测场（NMGZH01） …… 9
3.2.2　辅助观测场（NMGFZ01） …… 10
3.2.3　气象观测场（NMGQX01） …… 10

第四章　长期监测数据 …… 11

4.1　生物监测数据 …… 11
4.1.1　植物名录 …… 11
4.1.2　群落种类组成 …… 12
4.1.3　植物群落特征 …… 16
4.2　土壤监测数据 …… 26
4.2.1　土壤交换量 …… 26

4.2.2　土壤养分 …… 27
4.2.3　土壤矿质全量 …… 28
4.2.4　土壤微量元素和重金属元素 …… 28
4.2.5　土壤机械组成 …… 28
4.2.6　土壤容重 …… 29
4.2.7　土壤理化分析方法 …… 29
4.3　水分监测数据 …… 30
4.3.1　土壤含水量 …… 30
4.4　气象监测数据 …… 33
4.4.1　人工监测气象数据 …… 33
4.4.2　辐射数据 …… 36

第五章　科研论文目录（2004—2008） …… 41

5.1　内蒙古草原站2004年科研论文目录 …… 41
5.2　内蒙古草原站2005年科研论文目录 …… 43
5.3　内蒙古草原站2006年科研论文目录 …… 45
5.4　内蒙古草原站2007年科研论文目录 …… 47
5.5　内蒙古草原站2008年科研论文目录 …… 49

第一章

引　言

1.1 台站简介

内蒙古锡林郭勒草原生态系统国家野外科学观测研究站（暨中国科学院内蒙古草原生态系统定位研究站，以下简称内蒙古草原站）始建于1979年，1989年被确定为中国科学院院级开放站，1992年成为中国生态系统研究网络（CERN）重点站，2005年成为国家野外科学观测研究站。内蒙古草原站开展的主要工作可以概括为监测、研究和示范三个方面。监测工作主要包括：温带典型草原生态系统水分、土壤、气象和生物等要素的长期定位监测；研究工作主要包括：草原生态系统的结构与功能、生物多样性与生态系统功能的关系、草原生态系统对全球变化的响应与适应机理等方面的生态学基础研究以及草原生态系统管理，特别是草地资源可持续利用、退化草地改良与恢复和高产人工草地建植技术等方面的应用基础研究。试验示范工作主要包括：天然草地合理利用技术、退化草地植被恢复技术、沙地综合治理技术以及人工草地建植技术等。内蒙古草原站是我国在半干旱典型草原区建立的第一个在生态系统水平全面开展定位研究的野外台站，长期为我国半干旱区的草地资源保护与合理利用、草地畜牧业可持续发展等方面提供示范模式和技术支撑。

1.1.1 地理位置与自然状况

内蒙古草原站位于内蒙古自治区锡林浩特市白音锡勒牧场境内（站本部位置：116°42′E，43°38′N 海拔高度1 100m）。在植被区划上，属蒙新干草原和荒漠区干草原带的东蒙高原和鄂尔多斯高原东部干草原省（中国植被编辑委员会，1980）。

在气候区划上，锡林河流域属于中温带亚干旱大区，其气候类型属于大陆性气候中的温带半干旱草原气候。四季分明：春季常伴有大风天气，夏季温暖湿润，而秋冬季寒冷干燥。根据内蒙古草原站1982—2009年间的人工气象观测数据，该地区年平均降水量为333.5mm、年平均温度0.96 ℃、年均蒸发量1 664.6mm、日照时数2 676.2h。降水月际间变异较大，主要集中在6～9月份，约占全年降水量74.4%。

受地质地貌、气候、成土母质、地表水、地下水以及植被特征等因素的共同影响，锡林河流域的土壤分布具有如下特征：(1) 水平分布特征。由东南向西北，呈现黑钙土地带-暗栗钙土亚地带-淡栗钙土亚地带更替的规律，暗栗钙土是该区分布最广的土壤亚带；(2) 垂直结构特征。海拔1 600～1 350m间，土壤为黑钙土、淋溶黑钙土和碳酸盐黑钙土；1 350～1 150m间，土壤为暗栗钙土、沼泽土和暗色草甸土；1 150～902m间，土壤为淡栗钙土、盐化草甸土和草甸盐土。(3) 土壤结构的组合类型。锡林河流域土壤结构的组合形式大体可分为四类，即丘陵土壤组合、熔岩台地土壤组合、沙地土壤组合和河谷土壤组合（汪久文和蔡蔚祺，1988）。总的来说，栗钙土是本区的主要土类，其特征是具有明显的有机质和碳酸钙积累，土壤上部为栗色腐殖质层、中部为灰色钙积层和下部的风化母质层。腐殖层厚度一般在20～45cm之间，有机质含量约2%～4%；质地较轻，多为沙土和粉沙土。如进一步细分，该区栗钙土又可分为：暗栗钙土、淡栗钙土和草甸栗钙土三个亚类（陈佐忠，1988）。

锡林河流域植物区系以达乌里—蒙古种比例最高，古北极种和东古北极种也占有较高比例，反映了草原与山地森林草原交汇的特征，草原植被以抗低温的旱生草本植物为主要成分。植物包括种子植物和蕨类、苔藓、藻类、菌类和地衣类等袍子植物；其中，种子植物共有 74 科 291 属 629 种（刘书润和刘钟龄，1988）。

羊草（*Leymus chinensis*）群落和大针茅（*Stipa grandis*）群落是该地区分布最广的植物群落，对欧亚大陆温带草原具有广泛的代表性。羊草群落中，广旱生根茎禾草羊草（*L. chinensis*）占显著优势，其次是大针茅（*S. grandis*）、菭草（*Koeleria cristata*）、冰草（*Agropyron cristatum*）和糙隐子草（*Cleistogenes squarrosa*）等旱生密丛禾草。大针茅群落中，以大针茅（*S. grandis*）为代表的旱生密丛禾草占优势，多年生根茎禾草羊草（*L. chinensis*）、杂类草知母（*Anemarrhena asphodeloides*）、阿尔泰狗娃花（*Heteropappus altaicus*）和细叶韭（*Allium tenuissimum*）等也占有一定优势。

1.1.2 功能与定位

内蒙古草原站的发展定位是：

（1）以欧亚大陆广泛分布的温带典型草原为模式系统，深入开展草原生态系统初级生产力的形成与维持机制、生物地球化学、生物多样性的生态系统功能、生态系统服务功能对全球变化关键驱动因子的适应与响应机理、草原生态系统适应性管理等方面的基础和应用基础研究；

（2）典型草原生态系统水分、土壤、气候和生物等要素的长期定位监测；

（3）草原生态系统管理与畜牧业可持续发展的试验示范；

（4）草地生态学和草原科学等学科的高级人才培养基地、教学与实习基地；

（5）国内外团队合作研究的野外实验基地、国际交流与合作的平台。

1.1.3 主要研究领域

（1）草原生态系统对全球变化的响应与适应；

（2）生物多样性的生态系统功能；

（3）草原生态系统生物地球化学；

（4）草原生态系统结构与功能；

（5）放牧生态学；

（6）退化沙化草地恢复与治理；

（7）牧草资源合理利用。

1.1.4 基础设施

1.1.4.1 实验样地状况

内蒙古草原站现有实验样地主要包括：

（1）综合观测场—羊草样地（建于 1979 年）；

（2）辅助观测场—大针茅样地（建于 1979 年）；

（3）退化恢复样地（建于 1983 年）；

（4）放牧实验样地，分别建于 1989 年和 2004 年。

除了上述的长期监测样地外，针对当前国内外生态学研究的热点科学问题，科研人员设计和实施了 5 个生态学多因子受控实验：

① 草地生物多样性与生态系统功能实验。实验于 2006 年开始，包括 64 种实验处理，8 次重复，共 512 个实验小区；它是由内蒙古草原站的科研人员与美国亚利桑那州立大学、哥伦比亚大学等单位的科学家共同设计的。该实验将深入揭示草原生态系统结构、功能和过程相互间的关系，特别是对于回答生物多样性的生态系统功能这一颇具争议的热点科学问题具有重要意义。

② 长期养分添加实验。实验自 2000 年开始，包括不同水平和不同时期氮素、磷素和有机肥添加，共包括 50 个实验处理，9 次重复，共 450 个实验小区。该实验主要用于揭示养分驱动状况下草地生态系统结构和功能的响应及其适应机理。

③ 退化草地生态系统火因子调控实验。实验于 2006 年开始，包括 81 个处理，8 次重复，共 648 个实验小区。该实验主要用于揭示驱动退化草地恢复的主要因子、以及火因子在草地生态系统结构和功能维持过程中的重要作用。

④ 长期放牧实验平台。实验于 2005 年开始，它是基于中德合作项目（Matter fluxes in grassland of Inner Mongolia as influenced by stocking rate），由内蒙古草原站与德国 6 家研究机构（或大学）和国内 5 家科研院所（大学）共同建立的，整个放牧实验共包括 36 个处理。实验将揭示不同放牧强度和管理模式对典型草地生态系统植物群落结构、初级生产力、次级生产力、物质和能量流动等的影响，为草地生态系统适应性管理提供理论依据。

⑤ 模拟氮沉降实验平台。实验于 2008 年开始，包括 9 种氮沉降梯度、4 种沉降模式，共 360 个实验小区。通过模拟氮沉降的方式，旨在探讨温带典型草原生态系统对未来氮沉降加剧状况的反馈及其适应机理。

1.1.4.2 监测仪器和实验仪器

内蒙古草原站的野外观测仪器主要包括：

（1）气象观测仪器，如自动气象站、自动辐射站和小型自动气象站等；

（2）水分观测仪器，如土壤水分观测仪、水面蒸发皿、温湿自动观测系统等；

（3）生物观测仪器，如便携式光合测定系统、叶面积测定仪；

（4）开路涡度相关测定系统。

实验室分析仪器主要包括：气相色谱、凯氏定氮仪、流动注射分析仪、碳氮分析仪、紫外分光光度计、粗脂肪分析仪和粗纤维分析仪等。

1.1.4.3 生活和办公条件

内蒙古草原站建有各类实验室 22 间，涉及植物学、动物学（鼠类和蝗虫）、植被生态学、土壤学和大气科学等学科。此外，还建有实验样品长期贮藏仓库。

站区建有可容纳 50 人的会议室、可容纳 30 人的专家公寓、30 间研究人员宿舍等，可同时满足 100 位科研人员到站开展野外实验工作。站区拥有较好的通讯条件，现有实验室和研究人员宿舍均安装了电话，并开通了网络。

1.1.5 承担的主要任务与成果

据不完全统计，2003—2008 年间，内蒙古草原站作为野外实验平台，共承担各类国家级科研课题 52 项。其中，内蒙古草原站研究人员所承担的课题 37 项，包括：国家自然基金委创新研究群体项目（2 项）、国家自然科学基金委重点项目 3 项、973 项目 1 项、973 课题 3 项、中国科学院知识创新重大项目（2 项），国家科技攻关项目（3 项）、国家杰出青年科学基金（1 项）（表 1 - 1）。另外，据不完全统计，2003—2008 年间，以内蒙古草原站为野外实验基地，中国科学院动物研究所、中国科学院大气物理研究所、中国科学院地理科学与资源研究所、内蒙古大学、内蒙古农业大学等兄弟单位的客座研究人员共承担课题 15 项。

表 1-1 内蒙古草原站近期承担的部分科研项目

主持人	课题名称	主持单位	项目来源	执行期限（年份）
韩兴国	北方草地与农牧交错带生态系统维持与适应性管理的科学基础	中科院植物所	科技部“973”项目	2007—2011
韩兴国	浑善达克沙地与京北农牧交错区生态环境综合治理试验示范研究	中科院植物所	中科院西部行动计划项目	2007—2009
Butterbach-Bahl Klaus 韩兴国	放牧强度对内蒙古草原物质通量的影响	德国基尔大学中科院植物所	德国研究基金项目（DFG）	2007—2009
邬建国 韩兴国	Testing biodiversity-ecosystem functioning relationships in an ecological stoichiometry framework: the Inner Mongolia grassland removal experiment	Arizona State University 中科院植物所	美国自然科学基金项目（NSF）	2006—2011
韩兴国	内蒙古典型草原生物多样性与生态系统功能关系的控制实验研究	中科院植物所	国家自然科学基金重点项目	2009—2011
白永飞	草原生物多样性与生态系统功能及其维持机理	中科院植物所	国家杰出青年科学基金项目	2009—2011
韩兴国	北方草地全球变化生态学研究（Ⅰ）	中科院植物所	国家自然科学基金委创新研究群体项目	2006—2008
韩兴国	北方草地全球变化生态学研究（Ⅱ）	中科院植物所	国家自然科学基金委创新研究群体项目	2009—2011
白永飞	草地生物多样性与生态系统功能研究	中科院植物所	科技部“973”课题	2009—2013

2003—2008 年，以内蒙古草原站为野外实验基地，科研人员共发表科技论文 364 篇，其中 SCI 论文 168 篇；目前，依托内蒙古草原站为野外实验基地，每年发表 SCI 论文超过 30 篇。部分重要科研成果发表在 *Nature*、*Ecology*、*Global Change Biology*、*Journal of Applied Ecology*、*Environmental Science & Technology*、*Biogeoscience*、*Ecosystems*、*Oecologia*、*Soil Biology & Biochemistry*、*Atmospheric Environment*、*Climatic Change*、*European Journal of Soil Science* 等国际重要学术期刊。

多年来，内蒙古草原站编辑出版了《草原生态系统研究》1～5 集、内蒙古草原站的科学家还编辑出版了《典型草原生态系统研究》、《典型草原畜牧业优化生产模式研究》、《改良退化草地与建立人工草地的研究》等 8 部学术专著和论文集；编译了《草地调查方法手册》、《草地生态研究方法》、《放牧研究：设计、方法与分析》和《生物地球化学概论》，向国内学者介绍了国外相关领域的研究方法与研究动态。

经过多年的研究，内蒙古草原站在以下几个领域取得了较大的进展：

（1）温带草原生态系统生物多样性与生产力稳定性的关系方面的研究取得重大突破。2004 年，其成果“温带草原生态系统多样性与稳定性的关系及其补偿效应”一文在 *Nature* 上发表，它从物种—功能群—植物群落三个层次阐明了温带典型草原生态系统的补偿效应，在国内外学术界引起较大反响。相关领域的后续成果相继在 *Ecology*、*Global Change Biology*、*Journal of Applied Ecology* 等学术期刊发表。

（2）系统地揭示了温带典型草原生态系统结构与功能，并基本阐明了草原优势植物的生理生态特征、草原区栗钙土的水分、养分动态与变化规律。其部分成果发表于 *Global Change Biology*、*Soil Biology & Biochemistry*、*Plant and Soil*、*Climatic Change*、*Plant Ecology* 等国际学术期刊。

(3) 系统地研究了温带草原生态系统的生物地球化学，如草地碳氮循环、土壤碳氮贮存、CH_4 和 N_2O 释放等，为我国温带草原的合理利用提供了重要理论依据，同时也为全球变化研究提供了重要的基础数据。其部分成果发表在 *Environmental Science and Technology*、*Journal of Geophysical Research*、*Agricultural and Forest Meteorology*、*Tellus*、*Soil Biology & Biochemistry*、*Chemosphere*、*Atmospheric Environment*、*European Journal of Soil Science*、*Geoderma* 等国际学术刊物。

(4) 草地资源合理利用与生态系统适应性管理方面取得重要进展。通过放牧、施肥、围封、延迟放牧、划区轮牧和高产人工草地建植等技术手段，针对内蒙古地区草地资源的合理利用、退化草地的恢复与改良等方面开展了卓有成效的试验示范工作，许多研究结论和试验示范成果已得到大面积的推广。其部分研究成果发表在 *Global Change Biology*、*Environmental Conservation*、*Animal Feed Science and Technology*、*Environmental Management*、*Journal of Plant Nutrition and Soil Science* 和 *Journal of Environmental Quality* 等国际学术期刊。

(5) 在草原啮齿类动物和蝗虫的生理生态特征、啮齿类动物和蝗虫对草原生态系统的危害及其防治策略等领域，取得了系统的研究成果。通过对啮齿类动物和蝗虫行为的长期定位研究，基本揭示了温带草原鼠害和蝗害的成因、并提出了相应的防治措施，为当地草原保护和畜牧业可持续发展做出了重要贡献。其部分重要成果发表在 *Oikos*、*Environmental Entomology*、*Journal of Applied Entomology* 和 *European Journal of Entomology* 等国际学术期刊。

1.1.6 交流与合作

“定位搞研究、开放求发展”是内蒙古草原站的基本方针；建站伊始，内蒙古草原站就实行院地合作建站的模式。目前，长期在内蒙古草原站开展野外实验的科学家来自国内的近 20 个单位，主要包括中科院的植物所、动物所、地理与资源所、大气物理所、南京土壤所，高等院校包括北京大学、北京师范大学、中国农业大学、南开大学、内蒙古大学、内蒙古农业大学、内蒙古师范大学等。每年七八月份，在站开展研究工作的国内外科研人员平均每天近 90 人。

建站以来，内蒙古草原站参加了一系列国际研究计划，其中包括：国际人与生物圈计划（MAB）、国际生物圈研究计划（IBP）、国际地圈生物圈研究计划（IGBP）、中美碳联盟（USCCC）、国际养分研究网（Nutrient Net）等。已经有来自美国、加拿大、日本、德国、法国、澳大利亚、新西兰、俄罗斯、蒙古等国的累计 620 余位科学家前往内蒙古草原站开展合作研究或访问。近几年，国际间团队合作已成为国际合作交流的新动向。2002—2005 年，通过中科院国际合作创新团队计划，6 位海外知名科学家加入到“生态系统安全”创新团队，与内蒙古草原站的科研人员长期开展合作研究。2004—2009 年，内蒙古草原站联合国内 5 家研究机构和 6 所德国大学（研究所）的科学家，开展了中德国际合作项目“Matter Fluxes in grassland of Inner Mongolia as influenced by stocking rate”；双方互派研究人员和研究生长期参与该项目，每年到站开展实验工作的德国研究人员和研究生约 40 人。2006 年至今，与美国亚利桑那州立大学和哥伦比亚大学的科学家合作，开展草地生物多样性与生态系统功能的实验研究。

1.2 数据整理出版说明

1.2.1 数据资料来源

本书所提供的数据均源自内蒙古草原站的长期监测数据（2005—2008），并遵循中国生态系统定位观测与研究网络（CERN）的质量控制要求。数据主要包括草原生态系统的水分监测数据、土壤监测数据、大气监测数据和生物监测数据四类。为了保证数据质量，我们对监测数据进行了进一步的核实与数据质量控制，对部分产权不明晰的数据，未纳入此次出版范畴。

1.2.2 数据质量控制

为了保证长期监测数据的质量，内蒙古草原站采用了一系列数据质量控制与管理办法。水分、土壤和生物监测的主要质量控制办法包括：

（1）在长期观测场内，选择具有代表性的地段作为长期监测点；

（2）在野外取样过程中，尽量采用机械随机的方法进行取样点布置；

（3）每年年初组织监测人员集中学习和培训，明确监测内容、监测流程及其注意事项；

（4）根据监测任务，每类监测任务均由一名经验丰富的监测人员负责实施；

（5）对室内测试的监测指标，测试方法和流程均严格按国家标准或 CERN 监测规范执行；测试前对仪器进行校准，测试过程中加标样进行检验；

（6）受站上测试条件限制，部分测定指标（如微量元素和重金属含量等），均委托具有资质的测试中心进行测试；

（7）派专人对即时获取的监测数据进行录入和初审，对疑问数据进行甄别；

（8）站上主管监测的副站长对监测数据定期进行审核。

气象监测的主要质量控制措施有：

（1）定期对仪器仪表进行校对或更换；

（2）人工观测与自动观测同步进行，确保数据完整性与可靠性；

（3）两名气象监测员轮流开展气象监测，并相互校对监测数据；

（4）经初步审核后的气象数据，及时报送 CERN 大气分中心，请相关领域的专家进行审核。

1.2.3 数据综合方法

数据综合方法比较简单，主要涉及对部分原始数据进行求平均值的计算、对气象数据进行了分旬、分月汇总。除此之外，未进行其他的数据综合与换算。

参考文献

中国植被编辑委员会 . 1980. 中国植被［M］. 北京：科学出版社 .

陈佐忠 . 1988. 锡林河流域地形与气候概况［M］. 草原生态系统研究（第 3 集）. 北京：科学出版社：13～22.

汪久文，蔡蔚祺 . 1988. 锡林河流域土壤的发生及其性质的研究［M］. 草原生态系统研究（第 3 集）. 北京：科学出版社：23～83.

刘书润，刘钟龄 . 1988. 内蒙古锡林河流域植物区系纲要［M］. 草原生态系统研究（第 3 集）. 北京：科学出版社：227～268.

第二章

数据资源目录

2.1 生物数据资源目录

数据集名称：草原植物群落的植物名录
数据集摘要：记录了内蒙古草原站综合观测场和辅助观测场的植物中文名和植物拉丁名
数据集时间范围：2005—2008 年

数据集名称：草原植物群落的物种组成特征
数据集摘要：记录了内蒙古草原站综合观测场和辅助观测场的植物物种组成、高度、盖度和生物量等信息。
数据集时间范围：2005—2008 年

数据集名称：草原植物群落特征
数据集摘要：记录了内蒙古草原站综合观测场和辅助观测场的植物群落特征，如物种数量、群落盖度、优势种叶层高度和生物量等。
数据集时间范围：2005—2008 年

2.2 土壤数据资源目录

数据集名称：土壤交换量
数据集摘要：记录了内蒙古草原站综合观测场和辅助观测场的土壤交换量数据，指标主要包括土壤交换性钙离子、交换性镁离子、交换性钾离子和交换性钠离子。
数据集时间范围：2005 年

数据集名称：土壤养分
数据集摘要：记录了内蒙古草原站综合观测场和辅助观测场的土壤养分数据，指标主要包括土壤有机质、土壤全氮、土壤全磷和 pH。
数据集时间范围：2005—2008 年

数据集名称：土壤矿质全量
数据集摘要：记录了内蒙古草原站综合观测场和辅助观测场的土壤矿质全量数据，指标主要包括土壤 SiO_2、Fe_2O_3、MnO、TiO_2、CaO 等。
数据集时间范围：2005 年

数据集名称：土壤微量元素和重金属元素

数据集摘要：记录了内蒙古草原站综合观测场和辅助观测场的土壤微量元素和重金属元素数据，指标主要包括土壤 Cu、Zn、Fe、Mn、B 等。

数据集时间范围：2005 年

数据集名称：土壤速效微量元素

数据集摘要：记录了内蒙古草原站综合观测场和辅助观测场的土壤速效微量元素的数据，指标主要包括土壤有效铁、有效钼、有效锰、有效锌和有效硫。

数据集时间范围：2005 年

数据集名称：土壤机械组成

数据集摘要：记录了内蒙古草原站综合观测场和辅助观测场的土壤机械组成数据。

数据集时间范围：2005 年

数据集名称：土壤容重

数据集摘要：记录了内蒙古草原站综合观测场和辅助观测场 0～10 cm、10～20 cm、20～40 cm 和 40～60 cm 土层的容重数据。

数据集时间范围：2006 年

2.3 水分数据资源目录

数据集名称：土壤含水量

数据集摘要：记录了内蒙古草原站综合观测场和辅助观测场不同土层的含水量数据。

数据集时间范围：2005—2008 年

2.4 气象数据资源目录

数据集名称：人工监测气象数据（旬）

数据集摘要：记录了内蒙古草原站人工气象观测数据，监测指标包括每旬气温、地表温度、气压、相对湿度、降水量和蒸发量。

数据集时间范围：2005—2008 年

数据集名称：人工监测气象数据（月）

数据集摘要：记录了内蒙古草原站人工气象观测数据的月统计结果。

数据集时间范围：2005—2008 年

数据集名称：辐射数据（旬）

数据集摘要：记录了内蒙古草原站的总辐射、反辐射和光合有效辐射等。

数据集时间范围：2005—2008 年

数据集名称：辐射数据（月统计）

数据集摘要：记录了内蒙古草原站总辐射、反辐射和光合有效辐射的月统计结果。

数据集时间范围：2005—2008 年

第三章 观测场和采样地

3.1 概述

内蒙古草原站共有 4 个观测场，24 个采样点（表 3-1）。

表 3-1 内蒙古草原站观测场和采样地汇总

	观测场名称	采样地名称
1	内蒙古草原站气象观测场	内蒙古草原站气象场土壤水分观测测管 1
2	内蒙古草原站气象观测场	内蒙古草原站气象场土壤水分观测测管 2
3	内蒙古草原站气象观测场	内蒙古草原站气象场土壤水分观测测管 3
4	内蒙古草原站气象观测场	内蒙古草原站气象场雨水水质监测采样点
5	内蒙古草原站气象观测场	内蒙古草原站气象场 E601 水面蒸发皿
6	内蒙古草原站综合观测场（羊草样地）	内蒙古草原站综合观测场羊草永久样地
7	内蒙古草原站综合观测场（羊草样地）	内蒙古草原站综合观测场羊草破坏性采样地
8	内蒙古草原站综合观测场（羊草样地）	内蒙古草原站综合观测场土壤水分观测管 1 号
9	内蒙古草原站综合观测场（羊草样地）	内蒙古草原站综合观测场土壤水分观测管 2 号
10	内蒙古草原站综合观测场（羊草样地）	内蒙古草原站综合观测场土壤水分观测管 3 号
11	内蒙古草原站综合观测场（羊草样地）	内蒙古草原站综合观测场烘干法采样点 1 号
12	内蒙古草原站综合观测场（羊草样地）	内蒙古草原站综合观测场烘干法采样点 2 号
13	内蒙古草原站综合观测场（羊草样地）	内蒙古草原站综合观测场烘干法采样点 3 号
14	内蒙古草原站综合观测场（羊草样地）	内蒙古草原站综合观测场径流场
15	内蒙古草原站辅助观测场（大针茅样地）	内蒙古草原站辅助观测场大针茅草永久样地
16	内蒙古草原站辅助观测场（大针茅样地）	内蒙古草原站辅助观测场大针茅草破坏性采样地
17	内蒙古草原站辅助观测场（大针茅样地）	内蒙古草原站辅助观测场烘干法采样点 1 号
18	内蒙古草原站辅助观测场（大针茅样地）	内蒙古草原站辅助观测场烘干法采样点 2 号
19	内蒙古草原站辅助观测场（大针茅样地）	内蒙古草原站辅助观测场烘干法采样点 3 号
20		内蒙古草原站静止地表水采样点
21		内蒙古草原站流动地表水采样点
22		内蒙古草原站地下水采样点
23	内蒙古草原站站区观测场（自由放牧）	内蒙古草原站站区观测样地
24	内蒙古草原站站区观测场（自由放牧）	内蒙古草原站站区观测样地破坏性采样地

3.2 观测场和采样地介绍

3.2.1 综合观测场（NMGZH01）

内蒙古草原站综合观测场为典型羊草草原（羊草样地），其中心点地理坐标：116°40′34″ E，43°32′58″ N)；它位于锡林河南岸，是第二级玄武岩台地基础上形成的平缓的丘陵宽谷，海拔 1 200～1 250m。土壤为暗栗钙土，土层深度 1m 以上，腐殖质层厚 20～30cm，钙积层不明显，在 50～60cm 以下有时可见轻微的假菌丝状碳酸钙淀积物。羊草群落植物种类约为 60 种，优势植物为羊草、大针茅、落草和冰草等多年生旱生禾草。自 1979 年以来，建立了长期围栏（围栏内面积：400m×600m），排除了家畜取食与干扰，该样地一直处于自然封育状态。它主要用于内蒙古草原站的生物、土壤和水分监测任务，以及相关的科学研究。

3.2.1.1 综合观测场羊草永久样地（NMGZH01ABC _ 01）

综合观测场羊草永久观测样地设置在羊草样地内具有代表性的地段，总面积 4 hm^2（200 m × 200 m）。从内蒙古草原站的长远发展的角度，羊草永久样地实行长期保护，仅进行少量非破坏性采样（如径流观测）。

3.2.1.2 综合观测场羊草破坏性采样地（NMGZH01ABC _ 02）

综合观测场羊草破坏性采样地设置在羊草样地内（中心点地理坐标：116°40′40″ E，43°32′29″ N)，与羊草永久样地（NMGZH01ABC _ 01）相邻，面积 125 m × 125m。它主要用于内蒙古草原站长期监测过程中的破坏性取样。内蒙古草原站现有的生物监测、土壤监测和水分监测主要在该破坏性采样地内进行。

3.2.2 辅助观测场（NMGFZ01）

内蒙古草原站辅助观测场为典型针茅草原（大针茅样地），其中心点地理坐标 116°33′18″ E，43°32′25″ N)。它设在额尔根陶勒以西、巴嘎乌拉以东的一级玄武岩台地上。地面平坦而开阔，海拔高度1130 m左右，局部有高约 1 m 的火山喷出物堆积而成的小丘。土壤为栗钙土。土层深度 1 m 以上，但小丘附近的土层深度约 40～50 cm。土壤剖面中常夹有一些碎石块，在 50 cm 以下土层具有较明显的钙积层。植物群落以大针茅、克氏针茅、羊草和糙隐子草等多年生旱生禾草为主。1979 年后，建立永久围栏进行封育（围栏内面积 500 m × 500 m)，主要用于内蒙古草原站生物、土壤和水分监测任务，以及相关的科学研究。

3.2.2.1 辅助观测场大针茅草永久样地（NMGFZ01ABC _ 01）

辅助观测场大针茅永久样地（NMGFZ01ABC _ 01），设置在大针茅样地内具有代表性的地段，总面积 4 hm^2（200 m × 200 m）。从内蒙古草原站长期发展的角度，对该样地实行严格的保护措施，除进行一些非破坏性观察外，未开展其他监测和实验工作。

3.2.2.2 辅助观测场大针茅草破坏性采样地（NMGFZ01ABC _ 02）

辅助观测场大针茅破坏性采样地（NMGFZ01ABC _ 02），面积 125 m × 125 m（中心点地理座标：116°33′17″ E，43°33′22″ N)，主要用于内蒙古草原站长期监测过程中的破坏性取样。内蒙古草原站现有的生物监测、土壤监测和水分监测主要在该破坏性采样地内进行。

3.2.3 气象观测场（NMGQX01）

内蒙古草原站气象观测场位于站本部（地理座标：116°42′21″ E，43°38′17″ N)，观测场规模 25m × 50m。周边植被为温带半干旱典型草原植被，并以羊草和克氏针茅等多年生旱生禾草为优势植物。土壤为沙栗土，土层深度 1m 以上，腐殖质层厚 10～20cm，钙积层不明显。

第四章

长期监测数据

4.1 生物监测数据

4.1.1 植物名录

表 4-1 提供了 2005—2008 年间内蒙古草原站综合观测场和辅助观测场中的植物中文名和植物拉丁名。

表 4-1 内蒙古草原站观测场的植物名录

	植物中文名	科	植物拉丁名
1	羊草	禾本科	*Leymus chinensis*（Trin.）Tzvel
2	大针茅	禾本科	*Stipa grandis* P. Smirn.
3	羽茅	禾本科	*Achnatherum sibiricum*（L.）Keng
4	冰草	禾本科	*Agropyron cristatum*（L.）Gaertn.
5	糙隐子草	禾本科	*Cleistogenes squarrosa*（Trin.）Keng
6	菭草	禾本科	*Koeleria cristata*（L.）Pers
7	草地早熟禾	禾本科	*Poa pratensis* L.
8	白花黄芪	豆科	*Astragalus galactites* Pall.
9	扁蓿豆	豆科	*Melilotoides ruthenica*（L.）Sojak
10	草木樨状黄芪	豆科	*Astragalus melilotoides* Pall.
11	米口袋	豆科	*Gueldenstaedtia multiflora* Bunge
12	披针叶黄华	豆科	*Thermopsis lanceolata* R. Br.
13	小叶锦鸡儿	豆科	*Caragana microphylla* Lam.
14	斜茎黄芪	豆科	*Astragalus adsurgens* Pall.
15	阿尔泰狗娃花	菊科	*Heteropappus altaicus*（Willd.）Novopokr.
16	柔毛蒿	菊科	*Artemisia pubescens* Ledeb.
17	大籽蒿	菊科	*A. sieversiana* Ehrhart ex Willd.
18	猪毛蒿	菊科	*A. scoparia* Waldst et Kit
19	冷蒿	菊科	*A. frigida* Willd.
20	麻花头	菊科	*Serratula centauroides* L.
21	刺藜	藜科	*Chenopodium aristatum* L.
22	灰绿藜	藜科	*C. glaucum* L.
23	尖头叶藜	藜科	*C. acuminatum* Willd.
24	轴藜	藜科	*Axyris amarantoides* L.
25	猪毛菜	藜科	*Salsola collina* Pall.
26	木地肤	藜科	*Kochia prostrate*（L）Schrad.
27	矮韭	百合科	*Allium anisopodium* Ledeb.
28	黄花葱	百合科	*A. condensatum* Turcz.
29	山韭	百合科	*A. senescens* L.
30	砂韭	百合科	*A. bidentatum* Fisch ex Prokh
31	细叶韭	百合科	*A. tenuissimum* L.
32	野韭	百合科	*A. ramosum* L.
33	知母	百合科	*Anemarrhena asphodeloides* Bunge
34	粘毛黄芩	唇形科	*Scutellaria viscidula* Bunge

（续）

	植物中文名	科	植物拉丁名
35	裂叶荆芥	唇形科	*Schizonepeta tenuifolia* (Benth.) Briq.
36	瓣蕊唐松草	毛茛科	*Thalictrum petaloideum* L.
37	展枝唐松草	毛茛科	*T. squarrosum* Steh. ex Willd.
38	细叶白头翁	毛茛科	*Pulsatilla turczaninovii* Kryl. et Serg.
39	菊叶委陵菜	蔷薇科	*Potentilla tanacetifolia* Willd. ex Schlecht.
40	星毛委陵菜	蔷薇科	*P. acaulis* L.
41	高二裂委陵菜	蔷薇科	*P. bifurca* L. var. major Ledeb.
42	狼毒	瑞香科	*Stellera chamaejasme* L.
43	防风	伞形科	*Saposhnikovia divaricata* (Turcz.) Schischk
44	红柴胡	伞形科	*Bupleurm scorzonerifolium* Willd.
45	黄囊苔草	莎草科	*Carex korshinskyi* Kom.
46	旱麦瓶草	石竹科	*Silene jenisseensis* Willd.
47	蒙古石竹	石竹科	*Dianthus chinensis* L. var. subulifolius (Kitag.)
48	二色补血草	白花丹科	*Limonium bicolor* (Bunge) Q. Kuntze.
49	小花花旗竿	十字花科	*Dontostemon microanthus* C. A. Mey.
50	乳浆大戟	大戟科	*Euphorbia esula* L.
51	瓦松	景天科	*Orostachys fimbriatus* (Turcz.) Berger
52	蓬子菜	茜草科	*Galium verum* L.
53	达乌里芯芭	玄参科	*Cymbaria dahurica* L.
54	田旋花	旋花科	*Convolvulus arvensis* L.
55	细叶鸢尾	鸢尾科	*Iris tenuifolia* Pall.
56	北芸香	芸香科	*Haplophyllum dauricum* (L.) Juss
57	鹤虱	紫草科	*Lappula myosotis* V. Wolf.

注：植物中文名和植物拉丁名均参照内蒙古植物志第二版（马毓泉主编，1998）

4.1.2 群落种类组成

4.1.2.1 综合观测场

表 4-2 综合观测场 8 月中旬植物群落种类组成

年份	植物种名	株（丛）数（株或丛/m^2）	盖度（%）	地上绿色部分总鲜重（g/m^2）	地上绿色部分总干重（g/m^2）
2005	大针茅	25.1	18.70	67.89	37.11
2005	羊草	31.9	7.10	21.10	10.36
2005	冰草	36.2	12.85	35.87	17.88
2005	羽茅	56.7	31.20	114.23	53.71
2005	糙隐子草	9.4	6.40	9.15	4.46
2005	菭草	1.2	0.72	0.95	0.43
2005	草地早熟禾	1.7	0.93	2.09	1.17
2005	扁蓿豆	0.1	0.01	0.01	0.01
2005	小叶锦鸡儿	0.8	2.10	11.48	7.27
2005	猪毛蒿	0.4	0.04	0.21	0.06
2005	冷蒿	1.1	3.20	11.80	5.44
2005	麻花头	0.3	0.20	5.48	0.57
2005	星毛委陵菜	1.1	0.45	1.11	0.45
2005	木地肤	0.3	0.07	0.04	0.02
2005	轴藜	0.20	0.02	0.01	0.01
2005	矮韭	0.50	0.05	0.56	0.08
2005	黄花葱	0.60	0.12	0.85	0.12
2005	砂韭	0.10	0.02	0.01	0.01
2005	细叶韭	0.20	0.02	0.20	0.04

（续）

年份	植物种名	株（丛）数（株或丛/m^2）	盖度（%）	地上绿色部分总鲜重（g/m^2）	地上绿色部分总干重（g/m^2）
2005	野韭	1.50	0.21	1.17	0.18
2005	高二裂委陵菜	1.30	0.48	1.95	0.87
2005	菊叶委陵菜	2.80	0.89	0.96	0.37
2005	黄囊苔草	191.50	17.60	31.35	15.60
2005	小花花旗竿	0.50	0.09	0.21	0.06
2005	蓬子菜	0.10	0.03	0.07	0.03
2005	细叶鸢尾	0.30	0.06	0.58	0.30
2006	大针茅	15.80	12.80	39.07	24.98
2006	羊草	15.10	2.34	10.13	5.98
2006	冰草	65.40	14.00	43.47	26.10
2006	羽茅	24.10	7.60	23.72	15.94
2006	糙隐子草	12.00	6.60	16.76	11.89
2006	落草	2.60	0.62	1.18	0.77
2006	草地早熟禾	0.70	0.15	0.47	0.34
2006	白花黄芪	0.70	0.01	0.02	0.01
2006	扁蓿豆	0.10	0.05	0.05	0.02
2006	披针叶黄华	0.10	0.10	0.15	0.07
2006	小叶锦鸡儿	0.30	0.22	0.72	0.38
2006	阿尔泰狗娃花	4.10	1.60	6.95	3.95
2006	猪毛蒿	0.10	0.05	0.30	0.18
2006	冷蒿	4.50	7.41	24.25	14.37
2006	麻花头	0.70	0.42	2.59	0.75
2006	星毛委陵菜	0.20	0.30	0.62	0.34
2006	刺藜	0.20	0.05	0.06	0.03
2006	灰绿藜	4.70	1.07	1.34	0.60
2006	木地肤	0.50	0.33	0.60	0.30
2006	轴藜	0.10	0.01	0.01	0.01
2006	猪毛菜	0.10	0.01	0.01	0.01
2006	矮韭	1.50	0.10	0.68	0.14
2006	细叶韭	0.70	0.06	0.33	0.08
2006	野韭	0.50	0.04	1.70	0.41
2006	高二裂委陵菜	4.40	1.40	9.62	4.48
2006	菊叶委陵菜	1.30	0.15	0.15	0.08
2006	防风	0.20	0.10	0.25	0.09
2006	黄囊苔草	59.70	5.40	6.55	4.62
2006	瓦松	0.10	0.02	0.07	0.01
2006	达乌里芯芭	1.60	0.20	2.78	1.36
2006	细叶鸢尾	0.10	0.05	0.15	0.08
2007	大针茅	18.80	6.70	58.16	31.60
2007	羊草	29.80	5.36	28.43	14.03
2007	冰草	31.50	8.10	40.04	21.93
2007	羽茅	20.90	7.50	49.73	24.43
2007	糙隐子草	12.00	6.00	21.87	10.39
2007	落草	15.70	0.31	2.06	0.87
2007	草地早熟禾	1.10	0.08	0.52	0.25
2007	披针叶黄华	0.40	0.30	1.18	0.41
2007	小叶锦鸡儿	0.30	0.16	0.98	0.58
2007	阿尔泰狗娃花	7.10	4.51	36.58	14.14
2007	猪毛蒿	0.20	0.13	1.90	0.72
2007	冷蒿	2.40	7.10	52.61	22.33
2007	麻花头	0.20	0.03	0.42	0.12

（续）

年份	植物种名	株（丛）数（株或丛/m²）	盖度（%）	地上绿色部分总鲜重（g/m²）	地上绿色部分总干重（g/m²）
2007	柔毛蒿	0.10	0.01	0.01	0.01
2007	星毛委陵菜	0.10	0.02	0.06	0.02
2007	灰绿藜	6.50	0.63	15.41	3.59
2007	木地肤	0.60	0.15	6.06	2.36
2007	轴藜	0.10	0.01	0.07	0.02
2007	猪毛菜	0.30	0.03	0.56	0.56
2007	矮韭	1.00	0.16	0.76	0.13
2007	细叶韭	0.20	0.02	0.02	0.01
2007	野韭	0.10	0.01	0.35	0.06
2007	高二裂委陵菜	11.60	1.90	16.85	8.01
2007	菊叶委陵菜	0.20	0.03	0.20	0.10
2007	狼毒	0.10	0.20	1.23	0.43
2007	防风	0.20	0.02	1.05	0.35
2007	黄囊苔草	115.90	4.90	18.85	9.84
2007	二色补血草	0.30	0.10	0.51	0.12
2007	小花花旗竿	1.50	0.21	2.53	0.70
2007	乳浆大戟	0.10	0.01	0.08	0.03
2007	细叶鸢尾	0.20	0.02	0.15	0.06
2008	大针茅	17.10	10.05	77.41	39.34
2008	羊草	22.60	3.38	30.23	12.60
2008	冰草	39.00	15.80	105.42	51.23
2008	羽茅	21.20	9.66	59.03	25.23
2008	糙隐子草	18.90	7.39	33.90	15.20
2008	落草	0.60	0.40	0.48	0.17
2008	草地早熟禾	0.20	0.02	0.01	0.01
2008	阿尔泰狗娃花	0.10	0.20	0.47	0.17
2008	柔毛蒿	0.10	0.20	0.54	0.20
2008	冷蒿	2.60	2.68	12.28	3.05
2008	星毛委陵菜	0.40	0.40	1.95	0.68
2008	刺藜	0.20	0.10	0.35	0.06
2008	灰绿藜	7.40	1.36	12.94	2.37
2008	木地肤	1.30	1.72	12.79	4.97
2008	轴藜	27.10	3.43	11.30	4.00
2008	猪毛菜	7.00	2.55	61.92	14.36
2008	矮韭	0.40	0.02	1.54	0.22
2008	砂韭	0.20	0.01	0.34	0.08
2008	细叶韭	0.50	0.12	0.67	0.18
2008	野韭	1.70	0.61	3.09	0.52
2008	细叶白头翁	0.10	0.01	0.16	0.07
2008	展枝唐松草	2.60	1.14	4.52	1.66
2008	高二裂委陵菜	4.90	1.53	8.14	3.04
2008	菊叶委陵菜	0.50	0.62	1.58	0.55
2008	防风	0.30	0.06	2.82	0.85
2008	黄囊苔草	42.80	5.23	7.98	3.58
2008	瓦松	0.10	0.01	0.28	0.04
2008	达乌里芯芭	1.60	0.03	2.40	1.00

注：(1) 数据为每年8月中旬的平均值（样方面积1m × 1m，n=10）；

(2) 野外调查在综合观测场羊草破坏性采样地内进行（NMGZH01ABC_02），沿一条样线随机布置10个取样样方，取样样方间隔5m，目测每个植物物种的盖度和高度，再齐地面分物种进行剪样，并记录每个物种的密度；测定每个物种鲜重后，65 ℃烘干至恒重后称取每个物种干重；

(3) 在调查群落密度时，丛生植物按丛计算（如针茅、糙引子草和冷蒿等），而非丛生植物按株进行计算；

(4) 在计算平均值时，为了保存物种信息，当物种的某项数据小于最小有效位数时，采用收尾法处理（如2008年草地早熟禾的地上生物量干重<0.01 g/m² 时，按0.01 g/m² 记录）；

(5) 表中灌木生物量为现存量数据（如小叶锦鸡儿、冷蒿和木地肤等），它是多年累积的生物量，而非当年净初级生产力。

4.1.2.2　辅助观测场

表 4-3　辅助观测场 8 月中旬植物群落种类组成

年份	植物种名	株（丛）数（株或丛/m^2）	盖度（%）	地上绿色部分总鲜重（g/m^2）	地上绿色部分总干重（g/m^2）
2005	大针茅	55.30	28.20	68.95	37.86
2005	羊草	170.10	18.50	71.42	35.85
2005	冰草	17.30	5.50	7.92	3.64
2005	羽茅	0.20	0.10	0.01	0.01
2005	糙隐子草	9.60	4.62	4.94	2.38
2005	落草	1.20	0.76	2.27	0.99
2005	草地早熟禾	0.10	0.01	0.01	0.01
2005	白花黄芪	1.80	0.24	0.22	0.09
2005	小叶锦鸡儿	1.70	2.10	3.29	1.94
2005	直立黄芪	0.40	0.03	0.13	0.06
2005	阿尔泰狗娃花	0.10	0.10	0.05	0.02
2005	冷蒿	0.80	3.21	6.53	2.58
2005	砂韭	0.80	0.11	0.51	0.11
2005	山韭	0.10	0.10	1.46	0.21
2005	细叶韭	0.70	0.61	1.82	0.37
2005	野韭	0.40	0.07	0.96	0.17
2005	知母	55.50	9.50	27.89	8.11
2005	裂叶荆芥	0.20	0.01	0.06	0.02
2005	瓣蕊唐松草	0.40	0.40	0.30	0.11
2005	防风	1.00	0.56	2.20	0.78
2005	红柴胡	0.10	0.03	0.01	0.01
2005	黄囊苔草	160.70	11.70	14.04	7.45
2005	田旋花	1.30	0.35	0.50	0.19
2005	细叶鸢尾	0.10	0.01	0.02	0.01
2005	北芸香	0.90	0.60	1.00	0.45
2006	大针茅	35.60	20.90	58.14	38.03
2006	羊草	91.20	8.50	57.21	36.89
2006	冰草	24.10	8.10	24.69	16.04
2006	糙隐子草	5.10	1.51	4.24	2.89
2006	落草	0.40	0.12	0.30	0.18
2006	小叶锦鸡儿	0.20	0.60	1.29	0.82
2006	直立黄芪	0.30	0.10	0.25	0.15
2006	阿尔泰狗娃花	2.90	0.50	1.85	0.97
2006	冷蒿	1.10	1.40	3.99	2.59
2006	麻花头	0.10	0.10	1.30	0.70
2006	刺藜	45.90	4.50	18.54	8.70
2006	灰绿藜	9.50	1.20	5.89	3.04
2006	猪毛菜	0.40	0.40	0.54	0.32
2006	黄花葱	0.10	0.02	1.88	1.07
2006	砂韭	0.20	0.10	0.39	0.13
2006	细叶韭	0.40	0.16	0.72	0.19
2006	野韭	0.20	0.20	0.16	0.03
2006	知母	0.90	0.11	0.64	0.23
2006	防风	0.10	0.10	0.87	0.30
2006	黄囊苔草	38.70	2.67	3.90	2.70
2006	旱麦瓶草	0.30	0.10	0.19	0.12
2006	蒙古石竹	0.10	0.05	0.05	0.02
2006	瓦松	1.00	0.40	0.65	0.38
2006	田旋花	2.00	1.22	2.00	1.23
2007	大针茅	37.60	15.00	123.73	64.83
2007	羊草	78.80	11.35	93.44	47.41
2007	冰草	16.70	3.22	34.01	17.53
2007	糙隐子草	4.00	1.08	2.42	1.07
2007	落草	0.10	0.01	0.05	0.01
2007	白花黄芪	0.20	0.01	0.05	0.02
2007	小叶锦鸡儿	0.10	0.05	0.15	0.08
2007	大籽蒿	0.10	0.01	0.23	0.08

（续）

年份	植物种名	株（丛）数（株或丛/m^2）	盖度（%）	地上绿色部分总鲜重（g/m^2）	地上绿色部分总干重（g/m^2）
2007	冷蒿	0.90	4.81	24.44	11.06
2007	刺藜	14.50	0.28	3.67	0.88
2007	灰绿藜	22.10	3.22	57.88	18.26
2007	尖头叶藜	0.50	0.10	2.25	0.76
2007	轴藜	3.40	0.27	6.87	2.89
2007	猪毛菜	8.60	2.42	62.06	18.98
2007	黄花葱	0.10	0.01	0.20	0.09
2007	砂韭	0.80	0.15	1.50	0.69
2007	细叶韭	0.60	0.16	1.56	0.44
2007	瓣蕊唐松草	0.50	0.12	0.67	0.26
2007	防风	0.60	0.36	2.94	0.88
2007	黄囊苔草	101.60	4.01	15.47	7.97
2007	达乌里芯芭	1.20	0.11	2.79	0.73
2007	田旋花	3.80	0.75	6.09	2.24
2007	北芸香	2.30	0.40	8.22	3.32
2007	鹤虱	0.10	0.05	0.43	0.27
2008	大针茅	42.60	17.30	118.51	57.09
2008	羊草	149.10	16.00	100.96	46.10
2008	冰草	18.90	6.70	32.53	15.17
2008	糙隐子草	0.50	0.90	1.68	0.74
2008	蓓草	0.30	0.32	1.54	0.58
2008	白花黄芪	0.20	0.02	0.14	0.05
2008	草木樨状黄芪	11.80	1.60	7.02	2.27
2008	米口袋	0.40	0.30	0.49	0.21
2008	冷蒿	1.00	1.20	8.17	3.14
2008	轴藜	0.10	0.01	0.01	0.01
2008	猪毛菜	0.70	0.15	0.25	0.05
2008	山韭	0.40	0.30	1.75	0.22
2008	细叶韭	0.30	0.25	0.95	0.20
2008	野韭	0.30	0.20	0.43	0.08
2008	粘毛黄芩	11.60	1.00	5.71	1.94
2008	防风	0.10	0.05	0.06	0.01
2008	黄囊苔草	120.00	8.30	11.63	5.98
2008	田旋花	0.50	0.50	0.78	0.25
2008	细叶鸢尾	0.10	0.01	0.01	0.01
2008	北芸香	0.10	0.10	0.08	0.04

注：(1) 数据为每年 8 月中旬监测数据的平均值（样方面积 1 m × 1 m，n = 10）；

(2) 野外调查在辅助观测场大针茅破坏性采样地进行（NMGFZ01ABC _ 02），沿样线随机地布置 10 个取样样方，取样样方间隔 5 m，先目测每个植物物种的盖度和高度，再齐地面分物种进行剪样，记录每个物种的密度，测定每个物种的鲜重后，65 ℃烘干至恒重并称取每个物种干重；

(3) 在调查群落密度时，丛生植物按丛计算（如大针茅、糙引子草和冷蒿等），而非丛生植物按株进行计算；

(4) 在计算平均值过程中，为了保存物种信息，当物种的某项数据小于最小有效位数时，采用收尾法处理（如 2008 年细叶鸢尾的地上生物量干重<0.01 g/m^2 时，按 0.01 g/m^2 记录）；

(5) 表中灌木生物量为现存量数据（如小叶锦鸡儿、冷蒿和木地肤等灌木），它是多年累积的生物量，而非当年净初级生产力。

4.1.3 植物群落特征

4.1.3.1 综合观测场

表 4-4 综合观测场植物群落特征

年份	月份	样方编号	植物种数	群落盖度（%）	优势种叶层高度（cm）	绿色部分鲜重（g/m^2）	绿色部分干重（g/m^2）
2005	5	1	18		9.0	125.66	47.10
2005	5	2	13		2.4	42.02	15.42

（续）

年份	月份	样方编号	植物种数	群落盖度（%）	优势种叶层高度（cm）	绿色部分鲜重（g/m²）	绿色部分干重（g/m²）
2005	5	3	15		7.1	82.00	34.86
2005	5	4	13		9.3	72.51	27.85
2005	5	5	13		8.6	61.57	22.16
2005	5	6	15		7.0	35.10	14.34
2005	5	7	10		9.6	62.94	21.45
2005	5	8	10		8.3	46.97	17.56
2005	5	9	11		11.6	37.90	11.37
2005	5	10	11		12.5	55.11	18.12
2005	6	1	23		11.0	214.66	100.24
2005	6	2	19		17.2	200.11	98.05
2005	6	3	17		26.3	235.37	102.00
2005	6	4	19		30.8	286.93	129.83
2005	6	5	13		17.4	308.54	135.53
2005	6	6	12		36.7	175.49	73.02
2005	6	7	10		28.5	153.70	60.79
2005	6	8	10		34.8	189.62	76.93
2005	6	9	14		36.7	231.87	99.96
2005	6	10	13		27.3	212.35	90.19
2005	7	1	19		36.9	189.91	115.02
2005	7	2	13		33.0	212.97	121.99
2005	7	3	17		46.5	174.91	97.21
2005	7	4	12		14.4	221.84	132.32
2005	7	5	8		16.8	185.55	113.67
2005	7	6	10		36.6	227.46	139.57
2005	7	7	10		22.1	199.90	111.10
2005	7	8	13		51.7	190.98	105.06
2005	7	9	13		37.6	180.42	103.73
2005	7	10	14		34.8	200.81	112.50
2005	8	1	11		28.1	227.06	109.32
2005	8	2	14		33.4	337.68	163.10
2005	8	3	19		29.3	368.85	187.92
2005	8	4	15		46.7	317.08	155.26
2005	8	5	13		38.7	284.02	141.20
2005	8	6	12		44.9	374.99	170.96
2005	8	7	11		38.7	369.15	168.36
2005	8	8	10		48.5	270.31	138.04
2005	8	9	14		48.4	332.94	169.57
2005	8	10	12		44.9	310.70	161.89
2005	9	1	12		24.9	97.64	67.48
2005	9	2	15		18.4	150.43	102.72
2005	9	3	11		37.0	154.25	107.59
2005	9	4	10		30.9	160.74	112.84
2005	9	5	14		33.4	155.80	106.38
2005	9	6	12		37.6	200.06	133.00
2005	9	7	8		37.8	192.49	130.25
2005	9	8	8		36.1	315.42	210.76
2005	9	9	7		37.9	151.27	97.83
2005	9	10	9		42.4	163.74	105.84
2005	10	1	8		13.8	128.41	76.13
2005	10	2	10		20.1	114.62	69.29
2005	10	3	10		31.7	125.15	72.44
2005	10	4	11		19.1	136.15	82.12
2005	10	5	11		34.2	139.85	81.35
2005	10	6	10		42.4	154.75	91.03
2005	10	7	9		29.4	155.28	89.64

（续）

年份	月份	样方编号	植物种数	群落盖度（%）	优势种叶层高度（cm）	绿色部分鲜重（g/m²）	绿色部分干重（g/m²）
2005	10	8	10		21.0	171.43	96.94
2005	10	9	10		33.9	146.58	85.56
2005	10	10	8		25.1	138.02	79.55
2006	5	1	14	22	10	23.38	11.51
2006	5	2	10	16	11	12.18	6.38
2006	5	3	9	20	25	9.51	4.53
2006	5	4	9	15	11	14.34	5.53
2006	5	5	7	15	11	21.74	8.25
2006	5	6	7	40	8	14.08	5.49
2006	5	7	8	30	11	9.10	3.64
2006	5	8	10	30	7	16.06	7.61
2006	5	9	8	25	10	6.32	2.85
2006	5	10	10	25	11	9.41	3.61
2006	6	1	10	45	32	147.70	53.17
2006	6	2	11	35	30	154.23	54.76
2006	6	3	10	47	23	104.88	36.75
2006	6	4	13	48	25	176.88	60.43
2006	6	5	11	35	32	131.92	47.21
2006	6	6	8	55	35	193.14	69.54
2006	6	7	10	60	16	135.28	51.22
2006	6	8	12	72	30	220.01	80.76
2006	6	9	14	45	27	96.78	33.98
2006	6	10	15	55	26	218.68	75.62
2006	7	1	17	60	27	240.33	113.28
2006	7	2	12	60	32	266.51	123.83
2006	7	3	16	65	37	283.42	125.10
2006	7	4	80	60	52	214.61	104.77
2006	7	5	12	65	50	276.36	118.84
2006	7	6	11	65	40	265.02	131.26
2006	7	7	15	60	30	254.84	144.14
2006	7	8	13	60	42	247.96	123.42
2006	7	9	12	55	22	266.51	123.83
2006	7	10	13	65	45	298.72	144.38
2006	8	1	15	55	32	175.08	101.67
2006	8	2	17	45	47	168.42	98.70
2006	8	3	15	55	44	174.34	109.42
2006	8	4	16	50	26	160.91	103.51
2006	8	5	13	55	48	162.91	105.58
2006	8	6	15	60	44	224.77	149.86
2006	8	7	14	60	30	206.24	127.98
2006	8	8	11	60	31	235.38	142.94
2006	8	9	9	50	34	202.07	96.82
2006	8	10	13	50	50	236.98	146.76
2006	9	1	13	75	50	217.23	118.46
2006	9	2	9	55	40	237.90	120.36
2006	9	3	12	55	29	221.19	119.01
2006	9	4	11	70	32	221.80	121.38
2006	9	5	10	40	41	161.01	84.58
2006	9	6	9	40	38	142.94	71.85
2006	9	7	10	60	40	206.41	107.72
2006	9	8	14	60	50	205.60	110.11
2006	9	9	9	45	33	175.97	96.38
2006	9	10	14	70	40	221.36	113.87
2006	10	1	11	55	28	211.92	116.61
2006	10	2	8	70	34	154.55	89.82

（续）

年份	月份	样方编号	植物种数	群落盖度（%）	优势种叶层高度（cm）	绿色部分鲜重（g/m²）	绿色部分干重（g/m²）
2006	10	3	8	80	42	129.05	78.07
2006	10	4	14	80	33	186.71	98.23
2006	10	5	11	60	42	228.92	122.45
2006	10	6	7	45	40	162.93	87.77
2006	10	7	10	70	40	152.27	80.01
2006	10	8	10	70	33	185.92	100.11
2006	10	9	10	60	40	210.21	110.15
2006	10	10	11	60	48	160.68	89.63
2007	5	1	13	20	12	58.47	21.11
2007	5	2	14	20	10	75.71	26.92
2007	5	3	11	30	7	77.12	29.93
2007	5	4	16	45	14	106.51	42.15
2007	5	5	10	25	16	59.80	21.14
2007	5	6	10	50	12	100.72	34.74
2007	5	7	8	20	11	63.25	22.89
2007	5	8	11	55	13	91.33	33.11
2007	5	9	10	25	13	62.45	26.69
2007	5	10	11	45	19	88.56	32.34
2007	6	1	13	45	15	211.40	95.61
2007	6	2	10	45	35	194.84	92.35
2007	6	3	8	50	33	260.12	116.62
2007	6	4	12	40	40	290.00	131.36
2007	6	5	14	40	24	195.94	86.42
2007	6	6	19	45	34	229.92	96.49
2007	6	7	10	45	30	153.66	85.31
2007	6	8	12	35	22	122.10	69.47
2007	6	9	12	50	28	270.51	121.00
2007	6	10	10	30	25	205.04	95.54
2007	7	1	13	75	41	391.64	191.39
2007	7	2	17	65	36	438.39	194.70
2007	7	3	11	55	42	385.19	167.47
2007	7	4	17	60	38	335.92	150.48
2007	7	5	10	40	26	290.91	116.83
2007	7	6	12	45	42	182.43	84.13
2007	7	7	18	70	34	323.85	144.89
2007	7	8	11	50	32	247.73	111.57
2007	7	9	15	65	22	233.82	102.65
2007	7	10	15	65	33	247.22	101.40
2007	8	1	12	30	25	251.89	116.07
2007	8	2	17	55	42	368.70	156.77
2007	8	3	12	45	38	371.50	200.26
2007	8	4	13	55	43	332.00	157.47
2007	8	5	16	65	48	415.89	183.64
2007	8	6	12	45	55	498.41	231.13
2007	8	7	14	60	22	330.00	157.76
2007	8	8	14	50	22	331.68	141.06
2007	8	9	16	45	58	382.22	179.18
2007	8	10	12	45	42	309.95	158.21
2007	9	1	13	70	46	323.89	178.27
2007	9	2	10	70	26	239.46	140.12
2007	9	3	11	55	32	168.07	96.31
2007	9	4	9	55	25	179.31	107.40
2007	9	5	10	55	28	165.58	108.90
2007	9	6	10	60	32	231.17	127.32
2007	9	7	10	60	40	252.43	135.52

（续）

年份	月份	样方编号	植物种数	群落盖度（%）	优势种叶层高度（cm）	绿色部分鲜重（g/m²）	绿色部分干重（g/m²）
2007	9	8	11	60	35	185.92	109.53
2007	9	9	10	60	43	264.91	153.72
2007	9	10	11	70	47	326.24	183.37
2007	10	1	7	30	24	92.31	64.51
2007	10	2	7	25	27	109.39	84.37
2007	10	3	9	30	40	101.08	68.37
2007	10	4	8	35	42	135.86	103.67
2007	10	5	10	25	45	76.04	59.49
2007	10	6	6	25	25	94.60	71.34
2007	10	7	5	20	27	84.18	62.20
2007	10	8	8	35	35	134.88	101.24
2007	10	9	8	30	25	102.21	73.43
2007	10	10	9	35	42	193.14	139.55
2008	5	1	8	30	14	89.26	45.70
2008	5	2	9	20	10	45.01	17.19
2008	5	3	11	25	6	52.86	23.34
2008	5	4	8	40	14	79.83	32.77
2008	5	5	10	35	8	45.74	19.40
2008	5	6	11	40	11	58.51	24.59
2008	5	7	8	35	14	60.64	23.06
2008	5	8	9	20	14	48.76	21.53
2008	5	9	9	25	12	58.53	21.96
2008	5	10	7	20	12	77.16	31.63
2008	6	1	11	55	29	153.84	59.40
2008	6	2	11	55	23	203.63	96.30
2008	6	3	12	50	29	117.92	40.99
2008	6	4	14	75	20	314.56	119.46
2008	6	5	12	80	16	174.85	62.26
2008	6	6	11	60	33	167.73	68.23
2008	6	7	13	60	24	165.89	58.06
2008	6	8	12	60	42	234.85	90.17
2008	6	9	12	65	32	274.72	102.59
2008	6	10	12	50	28	239.01	85.66
2008	7	1	18	65	18	408.96	160.55
2008	7	2	12	55	31	419.07	170.33
2008	7	3	16	70	42	404.55	154.74
2008	7	4	17	60	45	364	137.32
2008	7	5	18	45	50	280.35	119.91
2008	7	6	14	90	43	433.25	183.19
2008	7	7	15	75	46	406.82	167.23
2008	7	8	15	80	34	403.58	172.84
2008	7	9	16	70	36	442.61	195.20
2008	7	10	15	85	43	448.09	190.19
2008	8	1	17	70	30	487.99	209.93
2008	8	2	13	70	34	409.62	159.84
2008	8	3	15	60	30	415.85	156.20
2008	8	4	16	60	27	529.79	206.98
2008	8	5	14	80	52	469.34	202.54
2008	8	6	12	80	50	615.24	220.24
2008	8	7	12	65	42	439.69	191.70
2008	8	8	16	85	30	374.32	165.79
2008	8	9	13	60	30	361.21	156.10
2008	8	10	13	70	44	442.22	184.5
2008	9	1	15	50	42	295.54	145.85
2008	9	2	11	60	40	382.35	185.44

（续）

年份	月份	样方编号	植物种数	群落盖度（%）	优势种叶层高度（cm）	绿色部分鲜重（g/m²）	绿色部分干重（g/m²）
2008	9	3	14	65	36	416.75	193.37
2008	9	4	13	60	46	439.4	217.45
2008	9	5	8	60	32	358.75	188.45
2008	9	6	6	60	35	93.51	44.84
2008	9	7	7	50	27	277.54	147.27
2008	9	8	8	55	38	421.03	230.2
2008	9	9	10	55	39	289.33	145.93
2008	9	10	9	20	47	309.33	166.78
2008	10	1	7	50	38	132.72	89.92
2008	10	2	10	25	36	187.71	123.69
2008	10	3	7	45	12	170.96	118.32
2008	10	4	8	30	39	183.68	128.13
2008	10	5	5	45	25	163.49	111.13
2008	10	6	7	30	37	224.62	159.64
2008	10	7	6	70	20	159.06	102.66
2008	10	8	6	50	38	140.7	91.99
2008	10	9	8	35	12	168.08	110.12
2008	10	10	7	50	35	223.94	148.86

注：(1) 5～9 月份的植物群落特征调查一般在每月 15 日进行，如偶遇下雨等因素，则顺延 1～3 天；10 月份的野外调查在 10 月 2～4日间进行；

(2) 野外调查在综合观测场的羊草破坏性采样地内进行（NMGZH01ABC _ 02），沿样线随机布置 10 个取样样方（样方面积：1 m × 1 m），取样样方间隔 5 m，首先，目测植物群落和每个植物种盖度和高度，再齐地面分物种进行剪样，记录每个物种的密度，回实验室测定每个物种的鲜重后，65 ℃烘干至恒重后称取每个物种的干重；

(3) 2005 年监测时，未对植物群落盖度进行估测；另外，植物群落总盖度为每个样方内植物群落盖度的目测估计值（%），而非每个物种盖度之和；

(4) 在植物群落生物量监测中，小叶锦鸡儿、木地肤和冷蒿等灌木的数据为多年累积的现存量，而非当年净初级生产力；从数据上看，2005、2006、2007 和 2008 年，灌木生物量分别约为（8 月份）群落总生物量的 8.13%、12.71%、15.03%和 4.33%。

4.1.3.2 辅助观测场

表 4－5 辅助观测场群落特征

年份	月份	样方	植物种数	群落盖度（%）	优势种叶层高度（cm）	绿色部分鲜重（g/m²）	绿色部分干重（g/m²）
2005	5	1	8	—	20.2	83.86	34.60
2005	5	2	8	—	12.3	106.71	39.43
2005	5	3	10	—	14.4	110.46	44.52
2005	5	4	6	—	14.7	112.57	37.45
2005	5	5	8	—	17.4	104.90	35.04
2005	5	6	8	—	15.1	153.57	53.95
2005	5	7	12	—	14.1	135.63	52.33
2005	5	8	9	—	22.5	111.77	41.93
2005	5	9	10	—	15.7	128.83	46.85
2005	5	10	12	—	14.9	95.68	37.58
2005	6	1	8	—	22.3	167.46	73.73
2005	6	2	7	—	33.8	293.13	127.99
2005	6	3	14	—	26.0	260.35	108.07
2005	6	4	11	—	23.3	178.72	73.47
2005	6	5	9	—	33.8	236.31	106.89
2005	6	6	10	—	20.9	264.38	106.85
2005	6	7	8	—	18.7	173.75	77.97
2005	6	8	16	—	29.7	225.62	99.17

（续）

年份	月份	样方	植物种数	群落盖度（%）	优势种叶层高度（cm）	绿色部分鲜重（g/m²）	绿色部分干重（g/m²）
2005	6	9	8	—	26.0	202.39	67.38
2005	6	10	9	—	18.4	215.90	84.25
2005	7	1	10	—	22.8	233.14	133.83
2005	7	2	7	—	31.6	195.51	116.15
2005	7	3	9	—	28.3	156.11	89.06
2005	7	4	9	—	21.5	182.01	88.97
2005	7	5	10	—	27.6	127.61	76.84
2005	7	6	10	—	33.7	164.30	93.31
2005	7	7	8	—	24.8	163.41	101.72
2005	7	8	11	—	27.0	121.27	72.99
2005	7	9	12	—	30.0	214.83	118.26
2005	7	10	11	—	28.8	150.51	74.20
2005	8	1	8	—	27.2	156.78	73.27
2005	8	2	8	—	25.8	213.87	107.84
2005	8	3	15	—	28.2	206.32	101.94
2005	8	4	11	—	32.7	213.14	109.63
2005	8	5	12	—	25.1	241.14	104.66
2005	8	6	9	—	25.1	179.28	91.18
2005	8	7	12	—	33.0	255.95	136.85
2005	8	8	7	—	28.9	127.26	61.50
2005	8	9	11	—	31.4	343.84	157.62
2005	8	10	11	—	23.9	173.25	63.79
2005	9	1	5	—	32.2	106.47	75.03
2005	9	2	7	—	31.0	85.72	57.71
2005	9	3	8	—	16.2	123.75	58.93
2005	9	4	9	—	34.9	157.05	101.24
2005	9	5	11	—	26.6	103.70	69.30
2005	9	6	7	—	31.7	136.96	94.38
2005	9	7	5	—	31.8	100.23	70.27
2005	9	8	8	—	30.4	70.46	49.15
2005	9	9	8	—	17.4	162.51	95.21
2005	9	10	6	—	16.7	130.83	67.66
2005	10	1	8	—	32.9	86.81	50.76
2005	10	2	5	—	24.2	95.91	60.38
2005	10	3	7	—	28.7	141.26	91.58
2005	10	4	10	—	34.3	108.65	69.37
2005	10	5	10	—	22.2	92.28	51.98
2005	10	6	9	—	28.1	176.03	117.64
2005	10	7	8	—	39.3	132.85	88.48
2005	10	8	8	—	29.0	100.61	61.24
2005	10	9	9	—	26.4	86.09	53.00
2005	10	10	9	—	28.0	90.09	55.77
2006	5	1	7	15	10	42.55	15.32
2006	5	2	11	11	12	29.77	10.35
2006	5	3	7	21	15	29.89	12.07
2006	5	4	6	18	12	30.66	12.21
2006	5	5	9	15	9	33.86	12.61
2006	5	6	11	15	10	34.74	13.02
2006	5	7	11	10	8	38.66	14.48
2006	5	8	10	15	4	47.06	24.30
2006	5	9	7	20	10	40.85	13.34
2006	5	10	6	17	10	45.91	10.45
2006	6	1	8	25	29	154.68	66.52
2006	6	2	8	25	30	147.46	64.54
2006	6	3	15	28	30	158.75	67.10

（续）

年份	月份	样方	植物种数	群落盖度（%）	优势种叶层高度（cm）	绿色部分鲜重（g/m²）	绿色部分干重（g/m²）
2006	6	4	7	25	24	129.57	52.11
2006	6	5	8	25	30	198.51	78.43
2006	6	6	10	16	34	187.96	69.26
2006	6	7	7	18	27	178.03	70.62
2006	6	8	8	30	23	157.49	63.86
2006	6	9	9	25	30	135.69	54.29
2006	6	10	8	26	32	188.89	69.83
2006	7	1	12	50	20	185.05	82.84
2006	7	2	7	70	42	233.50	111.74
2006	7	3	9	70	40	235.98	105.89
2006	7	4	9	80	30	259.90	114.26
2006	7	5	11	40	31	214.13	419.73
2006	7	6	13	80	33	255.01	109.50
2006	7	7	9	40	30	256.39	101.11
2006	7	8	7	65	32	151.11	65.77
2006	7	9	11	50	32	245.88	101.96
2006	7	10	15	80	41	355.14	134.96
2006	8	1	8	50	43	189.56	127.43
2006	8	2	9	45	55	208.34	100.08
2006	8	3	8	50	38	171.48	113.09
2006	8	4	9	40	38	183.51	118.99
2006	8	5	9	40	33	171.38	109.91
2006	8	6	9	60	42	223.69	122.23
2006	8	7	7	35	37	175.89	115.93
2006	8	8	12	45	33	174.76	114.39
2006	8	9	10	40	42	188.53	121.79
2006	8	10	11	65	40	209.81	133.05
2006	9	1	8	55	24	352.12	167.43
2006	9	2	7	65	33	206.66	104.86
2006	9	3	5	50	15	102.06	60.12
2006	9	4	6	70	41	200.18	103.52
2006	9	5	5	60	28	189.42	106.06
2006	9	6	10	30	30	100.84	52.03
2006	9	7	7	35	38	148.21	78.63
2006	9	8	7	50	30	170.83	93.29
2006	9	9	10	35	42	188.53	121.79
2006	9	10	8	35	29	152.47	89.45
2006	10	1	4	35	43	130.03	70.79
2006	10	2	6	55	35	103.34	58.67
2006	10	3	4	40	32	87.88	56.18
2006	10	4	8	50	25	129.74	71.24
2006	10	5	5	35	16	143.74	84.07
2006	10	6	9	55	32	156.38	88.08
2006	10	7	6	30	36	169.56	103.58
2006	10	8	7	35	30	180.85	105.44
2006	10	9	7	55	30	206.61	118.06
2006	10	10	7	40	21	156.59	86.84
2007	5	1	9	25	11	70.64	30.15
2007	5	2	9	55	18	104.90	36.87
2007	5	3	9	45	12	92.07	34.09
2007	5	4	7	15	12	72.54	26.87
2007	5	5	8	20	15	56.86	21.62
2007	5	6	8	30	15	45.51	17.22
2007	5	7	7	12	8	36.61	13.24
2007	5	8	7	35	11	70.95	24.74

（续）

年份	月份	样方	植物种数	群落盖度（%）	优势种叶层高度（cm）	绿色部分鲜重（g/m^2）	绿色部分干重（g/m^2）
2007	5	9	6	20	20	37.97	13.88
2007	5	10	5	15	12	54.42	18.64
2007	6	1	6	45	34	219.66	99.81
2007	6	2	8	25	30	167.66	66.01
2007	6	3	7	30	40	121.05	50.61
2007	6	4	14	40	28	257.63	100.55
2007	6	5	8	30	42	156.58	62.96
2007	6	6	9	15	30	173.82	66.93
2007	6	7	12	25	40	176.19	62.55
2007	6	8	11	25	30	162.26	55.59
2007	6	9	8	30	28	122.52	47.65
2007	6	10	10	25	39	174.53	64.91
2007	7	1	9	60	50	359.66	155.36
2007	7	2	10	55	37	308.85	136.83
2007	7	3	12	40	40	371.35	134.21
2007	7	4	10	45	43	264.35	105.41
2007	7	5	14	40	40	396.82	151.49
2007	7	6	11	20	34	308.97	106.64
2007	7	7	14	35	35	261.22	92.06
2007	7	8	15	45	36	327.09	117.41
2007	7	9	16	55	40	343.50	144.77
2007	7	10	10	45	53	301.97	114.95
2007	8	1	9	26	41	431.65	180.86
2007	8	2	8	50	50	495.81	221.09
2007	8	3	11	50	45	473.42	236.48
2007	8	4	12	35	63	385.41	112.78
2007	8	5	14	60	28	524.18	224.22
2007	8	6	14	20	36	484.78	205.05
2007	8	7	14	55	39	503.15	240.47
2007	8	8	12	50	31	338.12	159.57
2007	8	9	9	65	50	463.75	212.22
2007	8	10	9	25	22	413.48	215.79
2007	9	1	8	62	23	261.02	148.70
2007	9	2	9	60	35	155.65	87.88
2007	9	3	11	45	30	297.24	169.13
2007	9	4	12	58	35	302.99	169.21
2007	9	5	6	56	30	181.38	97.67
2007	9	6	10	65	37	297.80	168.04
2007	9	7	11	64	29	209.59	116.70
2007	9	8	7	70	42	301.77	177.37
2007	9	9	7	45	40	174.08	97.44
2007	9	10	10	51	50	269.10	157.85
2007	10	1	11	20	21	120.99	88.10
2007	10	2	5	25	23	97.62	72.64
2007	10	3	7	30	34	109.90	77.05
2007	10	4	7	35	45	115.17	81.93
2007	10	5	4	25	33	86.61	62.19
2007	10	6	6	35	42	142.28	104.00
2007	10	7	9	30	32	92.50	63.65
2007	10	8	6	30	31	126.51	86.85
2007	10	9	7	35	42	112.86	72.36

（续）

年份	月份	样方	植物种数	群落盖度（%）	优势种叶层高度（cm）	绿色部分鲜重（g/m²）	绿色部分干重（g/m²）
2007	10	10	9	35	35	146.58	101.99
2008	5	1	5	10	24	52.27	23.6
2008	5	2	7	10	17	41.14	19.07
2008	5	3	9	15	15	61.19	24.16
2008	5	4	7	12	14	53.81	20.33
2008	5	5	8	15	17	80.36	32.99
2008	5	6	8	15	15	71.81	28.48
2008	5	7	6	10	21	48.89	19.98
2008	5	8	5	12	15	84.23	35.14
2008	5	9	11	15	14	72.34	27.42
2008	5	10	7	12	14	65.1	28.62
2008	6	1	11	45	32	230.73	108.35
2008	6	2	14	50	24	204.72	118.36
2008	6	3	10	30	19	136.8	60.87
2008	6	4	6	40	16	195.7	88.64
2008	6	5	11	40	17	172.53	76.65
2008	6	6	8	60	26	201.7	91.31
2008	6	7	8	40	23	182.6	85.81
2008	6	8	10	56	25	191.29	80.97
2008	6	9	10	50	28	220.32	89.7
2008	6	10	10	46	28	193.05	89.51
2008	7	1	7	40	53	240.7	137.74
2008	7	2	11	50	29	204.8	111.13
2008	7	3	9	60	42	192.82	114.92
2008	7	4	6	45	22	200.42	115.36
2008	7	5	11	45	23	157.43	96.88
2008	7	6	9	65	32	194.88	116.1
2008	7	7	12	40	22	188.99	104.2
2008	7	8	10	60	27	184.04	102.55
2008	7	9	17	50	28	188.03	104.25
2008	7	10	13	10	34	218.06	116.66
2008	8	1	5	60	40	279.63	130.82
2008	8	2	8	65	38	307.54	137.47
2008	8	3	8	70	30	308.38	133.7
2008	8	4	7	60	45	262.64	126.85
2008	8	5	8	60	37	300.72	134
2008	8	6	7	65	46	265.88	123.66
2008	8	7	9	55	34	376.2	176.14
2008	8	8	5	60	44	257.85	119.02
2008	8	9	5	60	30	272.75	124.64
2008	8	10	7	50	32	266.11	120.42
2008	9	1	6	40	25	280.2	140.41
2008	9	2	5	60	30	233.4	119.1
2008	9	3	5	52	26	302.59	152.67
2008	9	4	7	50	30	273.45	136.19
2008	9	5	7	50	50	223.36	117.01
2008	9	6	6	55	47	212.88	107.46
2008	9	7	6	65	34	294.96	152.1
2008	9	8	8	55	55	236.35	122.96
2008	9	9	7	50	37	252.4	130.56
2008	9	10	6	50	30	265.12	137.02
2008	10	1	6	25	40	123.94	99.72
2008	10	2	6	35	30	125.2	87.53
2008	10	3	6	25	28	116.79	79.42
2008	10	4	6	25	13	112.02	82.86

（续）

年份	月份	样方	植物种数	群落盖度（%）	优势种叶层高度（cm）	绿色部分鲜重（g/m²）	绿色部分干重（g/m²）
2008	10	5	6	40	23	160.33	110.05
2008	10	6	4	30	31	173.7	121.81
2008	10	7	4	30	30	172.46	124.29
2008	10	8	8	27	12	123.44	83.94
2008	10	9	6	25	30	166.64	125.59
2008	10	10	4	30	32	183.49	123.92

注：（1）5～9月份的植物群落特征调查一般在每月15日进行，如偶遇下雨等不可控因素，则顺延1～3天，10月份的野外调查在10月2～4日间进行

（2）野外调查在辅助观测场针茅破坏性采样地进行（NMGFZ01ABC _ 02），沿样线机械随机地布置10个取样样方（样方面积：1m × 1m），取样样方间隔5 m，首先目测植物群落和每个植物种的盖度和高度，再齐地面分物种进行剪样，记录每个物种的密度，在实验室内测定每个物种鲜重后，65 ℃烘干至恒重后称取每个物种的干重；

（3）2005年监测时，未对植物群落盖度进行估测，另外，植物群落总盖度为每个样方内植物群落盖度的目测估计值（%），而非每个物种盖度之和；

（4）在植物群落生物量监测过程中，小叶锦鸡儿、木地肤和冷蒿等灌木的生物量为多年累积的现存量，而非当年净初级生产力，从数据上看，2005、2006、2007和2008年，灌木生物量分别占（8月份）群落总生物量的4.37%、2.90%、5.55%和2.34%。

4.2 土壤监测数据

4.2.1 土壤交换量

表4-6 土壤交换量

年份	观测场	取样点	采样深度（cm）	交换性钙离子 [mmol kg^{-1}(1/2Ca^{2+})]	交换性镁离子 [mmol kg^{-1}(1/2 Mg^{2+})]	交换性钾离子 [mmol kg^{-1}(K^+)]	交换性钠离子 [mmol kg^{-1}(Na^+)]
2005	综合观测场	1	0～10	56.96	10.25	4.32	0.23
2005	综合观测场	1	10～20	61.20	10.50	3.65	0.19
2005	综合观测场	2	0～10	59.42	9.91	4.29	0.14
2005	综合观测场	2	10～20	53.37	9.89	2.16	0.24
2005	综合观测场	3	0～10	53.48	9.90	4.52	0.16
2005	综合观测场	3	10～20	55.67	10.20	2.43	0.25
2005	综合观测场	4	0～10	60.79	10.57	4.27	0.25
2005	综合观测场	4	10～20	66.48	11.64	2.04	0.18
2005	综合观测场	5	0～10	67.19	12.37	3.69	0.15
2005	综合观测场	5	10～20	63.39	10.90	1.87	0.21
2005	辅助观测场	1	0～10	85.60	5.52	2.97	0.13
2005	辅助观测场	1	10～20	293.77	9.46	2.05	0.36
2005	辅助观测场	2	0～10	174.99	6.33	3.39	0.12
2005	辅助观测场	2	10～20	289.58	9.40	1.68	0.48
2005	辅助观测场	3	0～10	121.16	5.16	2.73	0.15
2005	辅助观测场	3	10～20	195.93	7.99	1.71	0.19
2005	辅助观测场	4	0～10	221.73	7.00	3.20	0.14
2005	辅助观测场	4	10～20	180.07	7.79	1.75	0.24
2005	辅助观测场	5	0～10	158.21	6.98	2.62	0.15
2005	辅助观测场	5	10～20	247.83	8.28	1.94	0.40

注：（1）土壤样品采于2005年8月中旬；

（2）在每个观测场，确定5个取样点，在每个取样点内分0～10 cm和10～20 cm进行取样，土样分层混合后获得所需的土壤样品。

4.2.2 土壤养分

4.2.2.1 综合观测场

表 4-7 综合观测场土壤养分

年份	采样深度（cm）	土壤有机质（g/kg）	全氮（g/kg）	全磷（g/kg）	pH-H_2O
2005	0～10	35.45	1.95	0.29	7.21
2005	10～20	21.40	1.21	0.22	7.20
2005	20～40	15.96	0.89	0.19	7.33
2005	40～60	13.12	0.74	0.18	7.89
2006	0～10	11.21	1.95	0.34	7.16
2006	10～20	35.65	1.52	0.29	7.15
2006	20～40	27.16	1.02	0.23	7.22
2006	40～60	18.55	0.85	0.21	7.82
2007	0～10	16.20	1.96	0.31	7.17
2007	10～20	38.01	1.05	0.22	7.08
2007	20～40	19.65	0.81	0.19	—
2007	40～60	15.36	0.72	0.19	—
2008	0～10	14.22	2.13	0.38	7.18
2008	10～20	37.37	1.56	0.32	7.13
2008	20～40	28.50	1.01	0.26	7.15
2008	40～60	19.80	0.84	0.24	7.23

注：(1) 数据为 6 次重复的平均值；

(2) 土壤取样在植物群落调查后进行，每个样地设置 6 个取样点，用土钻分层对 0～10 cm、10～20 cm、20～40 cm 和 40～60 cm 土壤进行取样；

(3) 2007 年 20～60 cm 土壤 pH 未测定。

表 4-8 辅助观测场土壤养分

年份	采样深度（cm）	土壤有机质（g/kg）	全氮（g/kg）	全磷（g/kg）	pH-H_2O
2005	0～10	30.31	1.78	0.30	8.67
2005	10～20	25.74	1.60	0.28	8.78
2005	20～40	15.63	0.96	0.25	8.89
2005	40～60	9.84	0.61	0.23	9.01
2006	0～10	5.12	1.81	0.31	8.66
2006	10～20	31.11	1.60	0.30	8.82
2006	20～40	26.42	0.96	0.28	8.92
2006	40～60	16.04	0.82	0.26	9.01
2007	0～10	13.14	1.80	0.28	8.51
2007	10～20	31.93	1.79	0.29	8.16
2007	20～40	22.16	0.96	0.25	—
2007	40～60	15.46	0.64	0.24	—
2008	0～10	15.39	1.86	0.34	8.20
2008	10～20	31.70	1.64	0.34	8.33
2008	20～40	29.76	0.89	0.28	8.41
2008	40～60	16.54	0.59	0.28	8.50

注：(1) 数据为 6 次重复的平均值；

(2) 土壤取样在植物群落调查后进行，每个样地设置 6 个取样点，用土钻对 0～10 cm、10～20 cm、20～40 cm 和 40～60 cm 土壤进行分层取样；

(3) 2007 年 20～60 cm 土壤 pH 未测定。

4.2.3 土壤矿质全量

表 4-9 土壤矿质全量

样地	采样深度 (cm)	SiO_2 (%)	Fe_2O_3 (%)	MnO (%)	TiO_2 (%)	Al_2O_3 (%)	CaO (%)	MgO (%)	K_2O (%)	Na_2O (%)	P_2O_5 (%)	LOI (%)
综合观测场	0～10	73.13	2.86	0.061	0.55	11.24	1.11	0.99	2.90	1.97	0.075	5.91
综合观测场	10～20	75.74	2.47	0.049	0.50	10.77	0.97	0.81	2.91	1.94	0.064	4.18
综合观测场	20～40	76.10	2.34	0.044	0.48	10.75	0.98	0.79	2.97	1.99	0.048	3.33
综合观测场	40～60	76.59	2.41	0.048	0.51	11.06	1.11	0.81	3.01	2.06	0.052	3.35
综合观测场	60～100	75.68	2.55	0.050	0.51	11.28	1.12	0.87	3.01	2.16	0.042	3.48
辅助观测场	0～10	73.94	2.60	0.054	0.54	10.88	1.36	0.95	2.87	1.89	0.081	5.30
辅助观测场	10～20	70.50	2.38	0.044	0.50	10.11	4.10	0.89	2.67	1.82	0.081	7.59
辅助观测场	20～40	67.15	2.55	0.048	0.51	10.64	5.48	1.02	2.65	1.87	0.072	7.74
辅助观测场	40～60	67.96	2.30	0.043	0.46	10.27	5.12	0.99	2.63	2.51	0.063	6.75
辅助观测场	60～100	82.04	1.23	0.020	0.25	7.57	2.07	0.55	2.42	1.43	0.030	2.66

注：(1) 土壤样品采于 2005 年 8 月中旬；

(2) 在每个观测场，确定 5 个取样点，在每个取样点内分 0～10 cm、10～20 cm、20～40 cm、40～60 cm 和 60～100 cm 进行取样，土壤分层混合后获得所需的土壤样品。

4.2.4 土壤微量元素和重金属元素

表 4-10 土壤微量元素和重金属元素

样地	采样深度 (cm)	Cu (mg/kg)	Zn (mg/kg)	Fe (mg/kg)	Mn (mg/kg)	B (mg/kg)	Cd (mg/kg)	Ni (mg/kg)	Pb (mg/kg)	Cr (mg/kg)	Hg (mg/kg)	As (mg/kg)	Se (mg/kg)
综合观测场	0～10	13.1	57.3	20 011.4	472.445	24.26	0.19	14.9	14.3	37.5	0.020	6.2	0.12
综合观测场	10～20	11.0	64.2	17 282.6	379.505	25.07	0.11	12.8	14.8	31.0	0.008	4.9	0.11
综合观测场	20～40	9.3	44.4	16 373.0	340.78	27.76	0.13	10.6	12.0	28.8	0.010	6.1	0.13
综合观测场	40～60	10.2	36.4	16 862.8	371.76	22.58	0.09	15.3	13.9	31.7	0.006	4.9	0.09
综合观测场	60～100	10.7	33.6	17 842.4	387.25	27.45	0.09	13.8	14.9	33.4	0.007	6.3	0.09
辅助观测场	0～10	11.7	36.1	18 192.2	418.23	26.50	0.12	15.8	15.6	34.6	0.011	6.2	0.11
辅助观测场	10～20	12.2	36.8	16 652.9	340.78	24.72	0.16	14.1	14.4	26.9	0.012	6.7	0.11
辅助观测场	20～40	12.0	40.4	17 842.4	371.76	26.67	0.10	13.7	12.3	30.5	0.009	6.9	0.12
辅助观测场	40～60	10.6	36.0	16 093.1	333.035	27.42	0.09	13.6	12.8	30.9	0.003	6.6	0.10
辅助观测场	60～100	5.9	38.5	8 606.3	154.9	29.21	0.05	4.8	8.4	17.5	0.005	3.9	0.09

注：(1) 土壤样品采于 2005 年 8 月中旬；

(2) 在每个观测场，确定 5 个取样点，在每个取样点内分 0～10 cm、10～20 cm、20～40 cm、40～60 cm 和 60～100 cm 进行取样，土壤分层混合后获得所需的土壤样品。

4.2.5 土壤机械组成

表 4-11 土壤机械组成

年份	样地名称	采样深度 (cm)	砂粒百分率 (2～0.05mm,%)	粉粒百分率 (0.05～0.002mm,%)	粘粒百分率 (<0.002mm,%)	土壤质地
2005	综合观测场	0～10	70.71	24.34	5.20	粉沙土
2005	综合观测场	10～20	69.08	25.22	5.05	粉沙土
2005	综合观测场	20～40	71.10	24.33	4.73	粉沙土
2005	综合观测场	40～60	72.28	23.55	3.54	粉沙土
2005	综合观测场	60～80	70.65	25.03	3.13	粉沙土
2005	综合观测场	80～100	70.72	24.29	4.41	粉沙土
2005	辅助观测场	0～10	63.67	29.52	3.69	粉沙土
2005	辅助观测场	10～20	66.64	28.54	2.99	粉沙土
2005	辅助观测场	20～40	63.25	30.84	4.22	粉沙土
2005	辅助观测场	40～60	64.24	29.76	4.54	粉沙土
2005	辅助观测场	60～100	58.04	36.27	4.94	粉沙土

注：(1) 土壤样品采集在 2006 年 8 月进行，数据为三次重复的平均值；

(2) 土壤机械组成测定流程：(< 2mm) 土壤经超声波粉碎后，采用过筛法测定土壤砂粒和粗粉粒含量，再通过不同转速离心的方法分别获得细分粒和粘粒，其中粗粉粒和细粉粒合并后获得粉粒含量；

(3) 土壤质地参照标准为美国土壤学会的分类标准。

4.2.6　土壤容重

表 4－12　土壤容重

样地名称	采样深度（cm）	土壤容重平均值（g/cm³）	均方差	样本数	备注
综合观测场	0～10	1.20	0.05	3	剖面/环刀法
综合观测场	10～20	1.31	0.12	3	剖面/环刀法
综合观测场	20～40	1.40	0.08	3	剖面/环刀法
综合观测场	40～60	1.40	0.09	3	剖面/环刀法
综合观测场	60～100	1.42	0.07	3	剖面/环刀法
辅助观测场	0～10	1.28	0.02	3	剖面/环刀法
辅助观测场	10～20	1.29	0.04	3	剖面/环刀法
辅助观测场	20～40	1.32	0.03	3	剖面/环刀法
辅助观测场	40～60	1.35	0.12	3	剖面/环刀法
辅助观测场	60～100	1.38	0.05	3	剖面/环刀法

4.2.7　土壤理化分析方法

表 4－13　土壤理化分析方法

	分析项目名称	分析方法名称	分析方法引用标准
1	交换性钙离子	乙酸铵交换—原子吸收光谱法	GB7865－87
2	交换性镁离子	乙酸铵交换—原子吸收光谱法	GB7865－87
3	交换性钾离子	乙酸铵交换—火焰光度法	GB7866－87
4	交换性钠离子	乙酸铵交换—火焰光度法	GB7866－87
5	土壤有机质	重铬酸钾氧化—外加热法	GB7857－87
6	全氮	半微量凯氏法	GB7173－87
7	全磷	酸溶—钼锑抗比色法	GB7852－87
8	pH	水土比 2.5：1，电位法	GB7859－87
9	Si—矿质全量	碳酸钠熔融法	GB7873—87
10	Fe—矿质全量	碳酸钠熔融法	GB7873－87
11	Mn—矿质全量	碳酸钠熔融法	GB7873－87
12	Ti—矿质全量	碳酸钠熔融法	GB7873－87
13	Al—矿质全量	碳酸钠熔融法	GB7873－87
14	S—矿质全量	碳酸钠熔融法	GB7873－87
15	Ca—矿质全量	碳酸钠熔融法	GB7873－87
16	Mg—矿质全量	碳酸钠熔融法	GB7873－87
17	K—矿质全量	碳酸钠熔融法	GB7873－87
18	Na—矿质全量	碳酸钠熔融法	GB7873－87
19	全硼（B）	盐酸—硝酸—氢氟酸—高氯酸消煮，火焰原子吸收分光光度法	GB/T17141－1997
20	全锰（Mn）	盐酸—硝酸—氢氟酸—高氯酸消煮，火焰原子吸收分光光度法	GB/T17141－1997
21	全锌（Zn）	盐酸—硝酸—氢氟酸—高氯酸消煮，火焰原子吸收分光光度法	GB/T17141－1997
22	全铜（Cu）	盐酸—硝酸—氢氟酸—高氯酸消煮，火焰原子吸收分光光度法	GB/T17141－1997
23	全铁（Fe）	盐酸—硝酸—氢氟酸—高氯酸消煮，火焰原子吸收分光光度法	GB/T17141－1997
24	硒（Se）	1：1 王水消煮氢化物发生原子荧光光谱法	
25	镉（Cd）	盐酸—硝酸—氢氟酸—高氯酸消煮，石墨炉原子吸收分光光度法	GB/T17141－1997
26	铅（Pb）	盐酸—硝酸—氢氟酸—高氯酸消煮，石墨炉原子吸收分光光度法	GB/T17141－1997
27	铬（Cr）	盐酸—硝酸—氢氟酸—高氯酸消煮，火焰原子吸收分光光度法	GB/T17137－1997
28	镍（Ni）	盐酸—硝酸—氢氟酸—高氯酸消煮，火焰原子吸收分光光度法	GB/T17139－1997
29	汞（Hg）	1：1 王水消煮冷原子荧光吸收光谱法	
30	砷（As）	1：1 王水消煮氢化物发生原子荧光光谱法	

4.3 水分监测数据

4.3.1 土壤含水量

4.3.1.1 综合观测场

表 4-14 综合观测场土壤重力含水量

单位：%

日期	土壤重力含水量								
	0～5 cm	5～10 cm	10～20 cm	20～30 cm	30～40 cm	40～50 cm	50～70 cm	70～90 cm	90～110 cm
2005-05-01	15.90	18.38	15.31	13.55	11.24	12.05	12.14	11.73	11.70
2005-05-11	21.34	16.60	12.19	10.52	9.54	7.82	7.88	6.36	12.44
2005-05-21	11.19	12.83	9.97	10.13	9.51	10.30	8.35	7.56	7.50
2005-06-01	7.97	9.21	7.89	8.52	8.77	8.61	11.72	7.99	7.08
2005-06-11	5.09	7.07	5.68	5.13	6.85	6.89	6.97	7.54	6.38
2005-06-21	9.11	9.36	6.06	6.06	6.36	6.50	6.90	6.49	6.77
2005-07-01	20.44	10.61	5.76	5.55	6.11	5.86	6.16	6.27	6.22
2005-07-11	7.72	6.49	5.07	5.29	5.39	5.43	5.89	15.84	5.78
2005-07-23	19.31	8.52	5.04	4.93	5.18	5.04	5.19	5.49	5.63
2005-08-02	17.92	12.31	4.87	5.17	5.33	5.27	5.37	5.60	5.63
2005-08-11	5.07	6.00	5.11	4.61	4.69	4.60	4.97	4.95	4.86
2005-08-21	7.47	8.23	5.26	5.05	5.03	5.05	5.07	5.23	5.51
2005-09-01	5.02	5.89	4.56	4.70	4.88	5.06	5.08	5.44	5.68
2005-09-13	6.55	5.23	4.60	4.60	4.63	4.58	4.81	5.17	5.30
2005-09-21	4.11	5.21	4.70	4.74	4.79	4.79	4.89	5.19	5.41
2005-10-11	13.82	8.35	6.11	5.20	5.55	5.49	5.44	5.91	5.91
2005-10-21	7.38	4.96	3.14	2.94	3.03	2.93	3.31	3.48	3.62
2006-05-01	13.71	15.49	9.83	13.28	15.64	12.56	13.23	14.61	12.70
2006-05-11	15.17	22.39	19.36	18.39	18.07	16.70	21.13	21.22	22.33
2006-05-21	15.38	14.57	13.88	15.44	15.31	16.53	15.95	18.56	18.05
2006-06-01	21.10	19.12	13.86	9.62	9.37	10.66	10.88	11.12	10.47
2006-06-11	24.39	21.25	14.86	8.80	8.52	8.30	8.06	7.61	8.40
2006-06-21	22.33	11.88	10.64	10.52	8.93	9.35	9.34	8.49	9.26
2006-07-01	29.60	22.34	10.44	8.83	8.82	9.68	9.33	9.05	8.42
2006-07-11	27.28	11.98	9.61	9.14	8.64	10.39	9.05	9.34	8.73
2006-07-21	18.75	11.84	10.14	9.62	10.47	10.35	10.43	9.67	9.15
2006-08-01	24.53	13.18	11.00	10.57	10.38	11.29	12.43	11.10	9.99
2006-08-11	6.82	8.69	9.99	8.60	9.83	10.18	9.47	9.33	8.66
2006-08-21	20.08	13.99	11.72	12.20	12.31	13.48	14.01	12.00	10.14
2006-09-01	28.10	9.54	9.31	8.65	8.62	8.70	9.28	8.64	6.45
2006-09-11	26.71	25.37	25.41	26.05	18.42	14.91	8.14	7.42	5.89
2006-09-21	20.83	17.66	17.90	16.03	16.57	16.78	13.97	6.81	6.96
2006-10-01	15.58	14.32	14.89	15.57	15.87	17.41	14.81	9.96	7.04
2006-10-11	14.01	14.04	13.67	12.71	14.80	15.88	13.65	10.17	8.97
2007-05-21	17.91	15.89	13.46	11.81	11.10	10.55	9.34	5.95	4.56
2007-06-01	9.70	10.79	10.53	9.53	9.45	9.33	8.85	8.14	4.31
2007-06-11	3.46	5.81	5.44	6.11	6.59	7.12	7.55	7.12	6.47
2007-06-21	10.44	7.90	4.86	4.80	4.82	5.07	5.94	5.29	5.32
2007-07-01	3.56	3.85	4.02	4.39	4.83	4.70	4.30	4.62	4.80
2007-07-11	22.68	16.58	12.43	6.90	3.93	4.14	4.24	4.33	4.21
2007-07-21	7.05	7.53	6.66	5.09	4.23	4.09	4.10	4.67	5.49
2007-08-01	5.31	5.65	4.73	4.01	3.95	3.87	3.88	4.14	4.28
2007-08-14	12.61	6.26	4.07	3.37	3.23	3.32	3.33	3.41	4.22
2007-08-21	4.74	4.50	4.16	3.91	3.87	3.76	3.65	3.74	4.16
2007-09-01	3.31	4.61	4.63	4.10	3.88	3.86	3.86	4.00	4.55
2007-09-11	2.70	3.64	3.59	3.30	3.44	3.46	3.54	3.92	4.75
2007-09-21	6.34	4.26	3.98	3.66	3.73	3.75	3.77	3.93	4.25

（续）

日期	土壤重力含水量								
	0～5 cm	5～10 cm	10～20 cm	20～30 cm	30～40 cm	40～50 cm	50～70 cm	70～90 cm	90～110 cm
2007-10-01	3.88	4.37	4.72	4.01	3.88	3.58	4.06	4.35	4.57
2008-05-02	15.74	12.63	9.47	7.11	4.00	3.99	4.18	4.11	4.54
2008-05-13	15.99	12.97	10.25	7.42	4.50	4.33	4.53	4.54	5.21
2008-05-22	21.91	17.62	11.21	8.12	5.83	4.55	4.57	4.94	4.33
2008-06-02	19.81	13.13	6.31	4.68	4.00	3.89	3.89	4.13	4.44
2008-06-12	6.24	6.25	5.07	4.09	3.62	3.47	3.57	3.65	3.91
2008-06-21	4.67	4.97	3.67	3.91	4.25	3.79	3.75	3.87	4.22
2008-07-01	18.56	16.25	11.91	9.70	7.89	3.68	3.92	3.76	3.99
2008-07-11	6.31	7.85	7.62	7.49	7.61	4.95	4.65	4.11	4.51
2008-07-21	18.61	9.04	5.53	5.35	5.78	5.59	4.81	4.27	4.75
2008-08-02	16.46	16.53	14.15	11.81	8.51	4.58	3.96	4.02	4.37
2008-08-12	38.63	18.80	15.12	14.06	13.61	11.31	4.64	4.22	4.60
2008-08-24	13.83	10.60	9.55	9.27	9.56	9.07	9.00	4.70	4.54
2008-09-01	13.83	9.26	6.85	6.77	7.71	7.61	6.68	4.43	4.10
2008-09-11	4.42	6.14	5.93	5.46	6.31	4.99	4.81	3.80	3.90
2008-09-23	5.01	5.59	4.75	4.93	4.99	5.21	4.57	5.00	4.58
2008-10-02	5.55	4.93	5.81	4.74	5.03	4.97	4.93	4.42	4.77
2008-10-12	5.93	4.41	4.00	3.47	3.48	3.45	3.63	3.38	3.52
2008-10-22	7.05	6.53	6.26	5.29	5.31	5.31	4.94	4.18	4.15

注：(1) 表中数据为（烘干法）土壤含水量的平均值（n = 3）；

(2) 在综合观测场内的土壤含水量取样区，沿直线设置 3 个取样点，每个取样点间隔 10 m，在每个取样点，用土钻取 3 个土壤剖面样品（间隔 1 m），分层混合每个取样点的土壤后，取 80～100 g 鲜土带回实验室 105 ℃烘干至恒重后称量，再计算土壤重力含水量（%）；

(3) 土壤含水量监测在每月 1 号、11 号和 21 号进行；如偶遇降雨等因素，通常顺延 1～3 天。

4.3.1.2　辅助观测场

表 4-15　辅助观测场土壤含水量

单位：%

日期	土壤含水量					
	0～5 cm	5～10 cm	10～20 cm	20～30 cm	30～40 cm	40～50 cm
2005-05-01	2.84	8.30	9.68	10.15	12.28	11.47
2005-05-11	17.48	8.28	11.41	10.33	7.88	7.01
2005-05-21	7.60	7.67	7.86	9.91	10.12	9.72
2005-06-01	3.25	5.60	6.91	7.81	8.78	8.92
2005-06-11	3.19	5.59	8.75	8.04	6.94	6.26
2005-06-21	4.04	5.68	5.92	6.83	7.94	7.61
2005-07-01	7.48	4.48	5.80	5.89	7.48	9.16
2005-07-11	15.73	15.41	6.91	6.77	6.41	5.97
2005-07-23	18.77	11.84	7.57	6.77	6.39	5.99
2005-08-02	16.72	9.71	7.00	7.52	6.64	6.06
2005-08-11	3.75	5.36	7.00	6.62	6.34	5.81
2005-08-21	6.60	7.48	6.80	7.28	6.36	6.33
2005-09-01	6.60	7.48	6.80	7.28	6.36	6.33
2005-09-12	4.06	4.41	6.48	6.75	5.97	5.38
2005-09-21	3.21	5.44	6.69	6.98	8.31	6.05
2005-10-01	16.13	12.83	6.67	6.85	6.44	6.30
2005-10-11	6.90	9.25	7.33	6.40	6.51	6.16
2005-10-21	11.82	7.33	7.28	8.01	6.13	6.05
2006-05-01	5.91	10.81	7.98	6.57	6.16	5.84
2006-05-11	4.41	10.56	8.66	6.78	5.94	6.23
2006-05-21	9.14	9.23	8.56	6.59	6.42	6.08
2006-06-01	10.58	10.09	7.05	6.44	5.95	5.89

（续）

日期	土壤含水量					
	0～5 cm	5～10 cm	10～20 cm	20～30 cm	30～40 cm	40～50 cm
2006-06-11	15.89	12.36	7.81	6.04	5.22	5.46
2006-06-21	6.85	8.08	6.83	6.87	6.15	5.54
2006-07-01	9.43	6.82	5.4	6.24	5.08	4.75
2006-07-11	9.98	8.05	5.85	7.05	6.11	5.39
2006-07-21	7.61	5.6	6.12	6.4	5.83	5.86
2006-08-01	7.2	5.35	5.12	5.87	5.6	5.21
2006-08-11	3.77	4.3	4.44	5.08	5.41	4.86
2006-08-21	9.87	5.21	4.66	4.19	5.48	5.25
2006-09-01	12.39	6.82	4.88	4.69	4.84	5.34
2006-09-11	13.06	13.18	13.59	14.3	14.52	10.1
2006-09-21	8.43	8.95	10.22	10.6	10.45	11.69
2006-10-01	5.11	7.14	8.56	8.8	9.74	9.55
2006-10-11	4.57	6.82	8.11	8.87	10.28	10.76
2007-05-21	14.26	13.24	14.57	13.22	11.4	9.72
2007-06-01	6.49	7.85	9.41	10.04	9.32	8.76
2007-06-11	3.01	5.37	8.37	10.77	10.83	11.38
2007-06-21	10.93	7.84	6.37	7.66	6.58	6.5
2007-07-01	3.54	4.87	6.19	6.22	5.58	5.52
2007-07-11	21.71	16.75	16.91	17.64	14.53	11.89
2007-07-21	9.32	10.54	12.27	11.94	11.8	10.37
2007-08-01	6.31	5.95	6.97	7.42	7.13	7.34
2007-08-14	15.78	12.24	6.04	6.62	6.35	5.66
2007-08-21	4.24	5.08	6.24	7.03	6.65	6.43
2007-09-01	3.07	4.7	5.57	6.89	6.59	6.13
2007-09-11	2.27	3.89	5.51	5.85	5.42	5.15
2007-09-21	9.78	8.93	5.21	5.54	5.52	5.47
2007-10-01	5.7	6.11	5.76	5.47	6.12	6.02
2008-05-02	10.69	10.62	6.48	6.38	6.30	6.41
2008-05-13	8.16	8.72	8.72	6.83	6.65	6.15
2008-05-22	9.55	7.61	7.19	6.09	6.02	6.32
2008-06-02	18.20	13.24	8.56	6.96	7.76	6.91
2008-06-12	6.28	6.62	6.64	5.06	4.99	5.45
2008-06-21	4.46	5.12	4.98	5.10	5.68	7.94
2008-07-01	12.80	10.10	5.05	4.75	5.60	5.59
2008-07-11	5.68	5.46	5.37	5.44	6.24	6.34
2008-07-21	4.35	5.32	5.05	5.78	6.93	5.03
2008-08-02	17.73	13.21	16.10	14.38	12.79	6.07
2008-08-12	21.14	17.35	16.63	14.59	15.68	15.89
2008-08-24	9.25	9.32	9.04	9.52	11.07	11.92
2008-09-01	9.97	7.79	8.35	8.93	11.60	11.37
2008-09-11	6.70	7.31	7.25	7.18	7.05	7.26
2008-09-23	8.26	6.12	6.73	7.14	7.95	7.87
2008-10-02	4.45	5.63	5.19	5.90	7.06	7.11
2008-10-12	5.28	5.18	6.04	6.77	7.57	6.82
2008-10-22	5.01	5.28	5.02	5.13	6.66	7.56

注：(1) 表中数据为土壤重力含水量（%，烘干法），表中数据为测定平均值（n = 3）；

(2) 在辅助观测场内土壤含水量取样区，沿一条直线设置 3 个取样点，每个取样点间隔 10 m，在每个取样点，用土钻取 3 个剖面样品（间隔 1 m 左右），分土层混合每个取样点的土壤样品后，取 80～100 g 鲜土带回实验室 105 ℃烘干至恒重后称量，再计算土壤重力含水量（%）；

(3) 辅助观测场（大针茅样地）局部区域的土壤深度较浅，在进行 0～100cm 土壤剖面取样时，常因石砾等因素无法对深层土壤取样，为了保证数据的重复数，表中仅提供了 0～50 cm 土壤含水量数据；

(4) 土壤含水量监测在每月 1 号、11 号和 21 号进行，如偶遇降雨等因素，通常顺延 1～3 天。

4.4　气象监测数据

4.4.1　人工监测气象数据

表 4－16　人工气象观测数据（旬）

年份	月份	旬	气温旬平均值（℃）	地温旬平均值（℃）	相对湿度旬平均值（%）	大气压旬平均值（mm）	降水量旬合计（0.1mm）	蒸发量旬合计（0.1mm）
2005	1	上旬	－20.7	－19.0	82	884.6	0.0	3.0
2005	1	中旬	－19.6	－19.2	86	885	0.4	3.0
2005	1	下旬	－11.3	－18.3	83	879.3	0.3	3.3
2005	2	上旬	－24.5	－22.7	83	885.6	2.9	1.9
2005	2	中旬	－18.4	－16.4	82	884.5	3.9	3.4
2005	2	下旬	－19.6	－17.8	79	880.2	0.0	3.0
2005	3	上旬	－12.8	－9.6	75	882.2	0.3	8.9
2005	3	中旬	－6.9	－6.1	58	881.2	0.2	17.7
2005	3	下旬	0.2	2.1	48	880.6	0.4	45.1
2005	4	上旬	4.3	6.0	45	876.2	1.7	60.8
2005	4	中旬	4.3	6.9	35	877.5	0.0	76.9
2005	4	下旬	9.4	12.2	32	871.8	0.0	101.7
2005	5	上旬	8.4	11.6	44	871.5	9.2	83.8
2005	5	中旬	13	17.5	46	877	0.0	90.0
2005	5	下旬	15.5	19.9	44	875.2	1.6	107.5
2005	6	上旬	17.7	22.3	43	872.6	2.2	99.3
2005	6	中旬	19.3	23.8	54	870.6	14.5	96.7
2005	6	下旬	22.6	28.7	50	870.7	15.4	104.0
2005	7	上旬	20	23.2	62	872.2	24.1	86.6
2005	7	中旬	24.6	27.6	58	877	17.9	113.4
2005	7	下旬	20	22.7	69	876.4	16.5	60.2
2005	8	上旬	21.5	25.8	66	874.9	0.5	84.6
2005	8	中旬	20.2	23.8	63	879.1	14.7	73.9
2005	8	下旬	20.6	24.7	48	879.6	11.7	86.4
2005	9	上旬	17.1	18.9	46	882.1	0.3	61.6
2005	9	中旬	13.4	15.1	47	883	0.0	70.4
2005	9	下旬	12.1	12.7	62	883.5	12.9	44.5
2005	10	上旬	9.2	9.4	41	884.4	0.0	54.6
2005	10	中旬	6.2	5.6	43	883.9	3.5	50.9
2005	10	下旬	2	1.5	55	885	1.0	34.8
2005	11	上旬	－0.5	－3.3	46	876.7	0.0	41.9
2005	11	中旬	－10.1	－12.4	66	888.5	0.0	13.8
2005	11	下旬	－7.8	－9.6	67	878.3	5.2	13.6
2005	12	上旬	－23.5	－22.7	82	887.2	1.7	3.6
2005	12	中旬	－22.7	－24.4	82	886.4	0.8	1.5
2005	12	下旬	－19.3	－20.6	80	883.5	2.2	3.3
2006	1	上旬	－22.9	－24.7	79	884.2	0.0	2.8
2006	1	中旬	－16.9	－18.1	75	883.2	0.1	4.0
2006	1	下旬	－16.8	－16.9	81	885.1	2.1	4.2
2006	2	上旬	－22	－20.9	79	887	2.1	3.3
2006	2	中旬	－9	－10.0	67	877.7	0.0	14.9
2006	2	下旬	－16	－13.4	76	884.7	3.8	7.1
2006	3	上旬	－8.6	－6.6	71	877.3	0.6	18.3
2006	3	中旬	－4	－4.1	51	877.2	0.5	32.0
2006	3	下旬	－1.8	－0.2	46	874.8	0.0	42.6
2006	4	上旬	4.5	6.4	42	871.3	2.0	64.5
2006	4	中旬	－0.5	3.5	42	878.8	2.2	39.8
2006	4	下旬	6.9	10.1	28	871.8	0.5	86.4
2006	5	上旬	12	14.9	39	876.8	1.4	103.9

（续）

年份	月份	旬	气温旬平均值（℃）	地温旬平均值（℃）	相对湿度旬平均值（%）	大气压旬平均值（mm）	降水量旬合计（0.1mm）	蒸发量旬合计（0.1mm）
2006	5	中旬	12.5	16.3	34	877.5	1.3	98.4
2006	5	下旬	15.9	19.9	39	875.5	32.1	114.1
2006	6	上旬	15.8	17.3	58	870.8	29.3	80.1
2006	6	中旬	17.7	21.8	49	873.8	4.8	86.7
2006	6	下旬	20.4	24.0	58	874.5	37.1	83.5
2006	7	上旬	21.1	24.7	65	872	18.6	80.0
2006	7	中旬	20.7	22.3	59	873.6	22.5	73.6
2006	7	下旬	18.7	21.9	64	876.5	13.9	77.7
2006	8	上旬	22.2	25.9	66	877.1	18.6	73.3
2006	8	中旬	21.2	25.6	54	878.3	6.5	81.8
2006	8	下旬	20.2	23.7	54	878.8	8.4	85.6
2006	9	上旬	9.8	12.7	69	880.5	61.8	48.9
2006	9	中旬	15.9	17.2	56	885	0.0	62.8
2006	9	下旬	13.2	14.2	55	884.9	6.6	59.9
2006	10	上旬	11.1	11.5	47	881	0.0	67.9
2006	10	中旬	6.1	7.2	48	883.4	0.8	52.3
2006	10	下旬	2.7	1.5	61	885.8	14.9	30.6
2006	11	上旬	−4.1	−4.5	55	879	0.0	26.3
2006	11	中旬	−7.2	−7.6	73	882.4	5.0	13.8
2006	11	下旬	−12.6	−11.4	81	884.2	3.3	4.8
2006	12	上旬	−17.2	−18.8	81	886.7	0.1	2.8
2006	12	中旬	−16.2	−16.7	79	883.5	0.8	3.9
2006	12	下旬	−16.7	−17.6	77	885.6	2.4	2.8
2007	1	上旬	−20.5	−19.9	78	886.9	0.0	2.4
2007	1	中旬	−20	−20.2	79	886.7	0.4	2.5
2007	1	下旬	−21.1	−19.1	77	887.5	0.7	4.5
2007	2	上旬	−12.2	−12.1	76	883.1	1.9	6.7
2007	2	中旬	−12.1	−11.7	74	877.3	0.4	7.6
2007	2	下旬	−4.6	−4.3	67	878.1	0.2	12.2
2007	3	上旬	−11.3	−8.5	73	881.8	16.3	6.0
2007	3	中旬	−6.1	−2.6	64	882.3	0.2	15.2
2007	3	下旬	0.8	2.7	54	873	4.7	39.5
2007	4	上旬	1.2	2.9	43	882.2	0.5	38.2
2007	4	中旬	5	9.2	39	874.8	1.4	56.0
2007	4	下旬	8.1	11.0	26	880	0.0	70.4
2007	5	上旬	11.6	14.0	39	876.7	15.4	106.0
2007	5	中旬	11.3	14.4	49	873.5	22.6	85.2
2007	5	下旬	16.3	19.5	42	872.2	8.0	111.3
2007	6	上旬	23.7	27.8	30	875.4	1.7	131.8
2007	6	中旬	20.7	23.6	51	878	20.1	94.6
2007	6	下旬	23.4	28.3	49	872.7	5.0	98.9
2007	7	上旬	22.2	26.2	54	870.8	40.3	90.9
2007	7	中旬	20.7	23.9	65	872.1	11.0	68.9
2007	7	下旬	24.2	26.2	49	877.2	0.8	97.3
2007	8	上旬	19.2	20.5	69	875.5	13.1	55.1
2007	8	中旬	21.7	24.4	61	877.7	19.1	62.0
2007	8	下旬	20.5	23.3	47	881.3	16.3	94.9
2007	9	上旬	18.8	21.3	36	881.8	0.0	82.7
2007	9	中旬	14.7	16.3	63	880.6	18.6	49.9
2007	9	下旬	13.1	13.6	40	885.3	0.0	69.5
2007	10	上旬	8.5	9.6	41	884.3	3.9	43.9
2007	10	中旬	1	1.5	52	887.4	0.6	33.3
2007	10	下旬	1.1	0.3	59	881.5	2.8	37.9

（续）

年份	月份	旬	气温旬平均值（℃）	地温旬平均值（℃）	相对湿度旬平均值（%）	大气压旬平均值（mm）	降水量旬合计（0.1mm）	蒸发量旬合计（0.1mm）
2007	11	上旬	－2.6	－3.0	70	886	0.6	15.5
2007	11	中旬	－9.7	－11.9	65	885.2	3.0	10.9
2007	11	下旬	－8	－10.2	64	884.1	0.1	14.8
2007	12	上旬	－16	－16.9	85	886	7.2	3.3
2007	12	中旬	－18.8	－19.3	86	880.4	2.0	2.7
2007	12	下旬	－14.3	－15.3	86	883.3	1.2	2.7
2008	1	上旬	－17.3	－20.2	76	880.6	0.0	2.7
2008	1	中旬	－23.5	－25.8	78	891.8	0.0	1.7
2008	1	下旬	－23.2	－23.1	83	888.1	2.7	2.6
2008	2	上旬	－22.9	－21.8	86	884.4	0.0	3.5
2008	2	中旬	－16.7	－18.6	79	885.9	0.0	7.1
2008	2	下旬	－10.5	－10.5	72	881.2	0.3	13.0
2008	3	上旬	－3	－2.5	68	882.5	1.0	21.6
2008	3	中旬	0.8	1.4	51	877.4	1.6	38.2
2008	3	下旬	－2.2	0.5	78	878.7	8.1	30.9
2008	4	上旬	4.3	6.0	61	875.1	15.5	40.7
2008	4	中旬	12.1	12.5	44	878	1.6	84.1
2008	4	下旬	5.4	8.6	65	875.3	9.3	61.7
2008	5	上旬	9.9	11.8	39	875.5	4.1	92.3
2008	5	中旬	11.2	14.8	39	877.3	0.0	80.0
2008	5	下旬	12.6	15.7	46	872	23.9	89.6
2008	6	上旬	16.8	22.2	56	877.9	8.4	82.1
2008	6	中旬	20	24.5	61	876	13.6	83.5
2008	6	下旬	19.1	23.2	69	871.8	56.2	71.2
2008	7	上旬	22.7	26.8	59	873.2	3.3	79.4
2008	7	中旬	21.2	26.0	57	876.5	20.5	82.7
2008	7	下旬	25	28.7	52	876.4	68.7	101.9
2008	8	上旬	22.6	25.4	63	876.8	40.7	80.1
2008	8	中旬	17.9	21.3	70	879	18.5	61.8
2008	8	下旬	16.5	18.3	66	876.7	22.6	78.4
2008	9	上旬	15.2	16.9	65	880.3	13.8	61.7
2008	9	中旬	16.1	17.3	56	879	0.0	68.4
2008	9	下旬	9.3	9.8	46	884.6	0.5	52.5
2008	10	上旬	5.9	5.9	60	883.2	1.7	64.3
2008	10	中旬	8.9	6.5	49	884.5	1.6	52.5
2008	10	下旬	－0.9	－1.9	73	882.2	7.4	20.7
2008	11	上旬	－2.6	－3.4	61	882.7	0.4	20.3
2008	11	中旬	－9.5	－9.6	79	883.1	7.0	11.3
2008	11	下旬	－9.2	－10.5	79	883.9	2.5	4.6
2008	12	上旬	－15.2	－16.8	76	879.1	0.7	4.9
2008	12	中旬	－14	－17.7	74	880.6	0.1	5.0
2008	12	下旬	－18.4	－19.1	77	885.3	5.9	5.8

表 4－17 人工气象汇总（月合计）

年份	月份	温度月平均值（℃）	地温月平均值（℃）	大气压月平均值（ppm）	相对湿度月平均值（%）	降雨量月合计（mm）
2005	1	－17.2	－18.8	83.7	883.0	0.7
2005	2	－20.8	－18.9	81.3	883.4	6.8
2005	3	－6.5	－4.5	60.3	881.3	0.9
2005	4	6.0	8.4	37.3	875.2	1.7
2005	5	12.3	16.4	44.7	874.6	10.8
2005	6	19.9	24.9	49.0	871.3	32.1
2005	7	21.5	24.5	63.0	875.2	58.5

（续）

年份	月份	温度月平均值（℃）	地温月平均值（℃）	大气压月平均值（ppm）	相对湿度月平均值（%）	降雨量月合计（mm）
2005	8	20.8	24.7	59.0	877.9	26.9
2005	9	14.2	15.6	51.7	882.9	13.2
2005	10	5.8	5.5	46.3	884.4	4.5
2005	11	−6.1	−8.4	59.7	881.2	5.2
2005	12	−21.8	−22.6	81.3	885.7	4.7
2006	1	−18.9	−19.9	78.3	884.2	2.2
2006	2	−15.7	−14.8	74.0	883.1	5.9
2006	3	−4.8	−3.6	56.0	876.4	1.1
2006	4	3.6	6.7	37.3	874.0	4.7
2006	5	13.5	17.0	37.3	876.6	34.8
2006	6	18.0	21.0	55.0	873.0	71.2
2006	7	20.2	23.0	62.7	874.0	55
2006	8	21.2	25.0	58.0	878.1	33.5
2006	9	13.0	14.7	60.0	883.5	68.4
2006	10	6.6	6.7	52.0	883.4	15.7
2006	11	−8.0	−7.8	69.7	881.9	8.3
2006	12	−16.7	−17.7	79.0	885.3	3.3
2007	1	−20.5	−19.7	78.0	887.0	1.1
2007	2	−9.6	−9.4	72.3	879.5	2.5
2007	3	−5.5	−2.8	63.7	879.0	21.2
2007	4	4.8	7.7	36.0	879.0	1.9
2007	5	13.1	16.0	43.3	874.1	46
2007	6	22.6	26.6	43.3	875.4	26.8
2007	7	22.4	25.4	56.0	873.4	52.1
2007	8	20.5	22.7	59.0	878.2	48.5
2007	9	15.5	17.0	46.3	882.6	18.6
2007	10	3.5	3.8	50.7	884.4	7.3
2007	11	−6.8	−8.4	66.3	885.1	3.7
2007	12	−16.4	−17.1	85.7	883.2	10.4
2008	1	−21.3	−23.0	79.0	886.8	2.7
2008	2	−16.7	−17.0	79.0	883.8	0.3
2008	3	−1.5	−0.2	65.7	879.5	10.7
2008	4	7.3	9.0	56.7	876.1	26.4
2008	5	11.2	14.1	41.3	874.9	28
2008	6	18.6	23.3	62.0	875.2	78.2
2008	7	23.0	27.2	56.0	875.4	92.5
2008	8	19.0	21.7	66.3	877.5	81.8
2008	9	13.5	14.6	55.7	881.3	14.3
2008	10	4.6	3.5	60.7	883.3	10.7
2008	11	−7.1	−7.8	73.0	883.2	9.9
2008	12	−15.9	−17.9	75.7	881.7	6.7

4.4.2 辐射数据

表 4－18 自动观测辐射数据（旬）

年份	月份	旬	总辐射旬合计值（MJ/m²）	反射辐射旬合计值（MJ/m²）	净辐射旬合计值（MJ/m²）	光合有效辐射旬合计值（mol/m²）
2005	1	上旬	—	—	—	—
2005	1	中旬	—	—	—	—
2005	1	下旬	140.54	62.23	−8.08	181.38
2005	2	上旬	133.16	86.04	−20.73	195.94
2005	2	中旬	132.04	88.63	−1.29	227.15

（续）

年份	月份	旬	总辐射旬合计值（MJ/m²）	反射辐射旬合计值（MJ/m²）	净辐射旬合计值（MJ/m²）	光合有效辐射旬合计值（mol/m²）
2005	2	下旬	140.64	86.55	4.54	239.78
2005	3	上旬	181.29	82.18	29.29	317.39
2005	3	中旬	197.41	44.02	60.89	344.02
2005	3	下旬	188.82	43.66	70.21	344.73
2005	4	上旬	—	—	—	—
2005	4	中旬	—	—	—	—
2005	4	下旬	—	—	—	—
2005	5	上旬	194.96	43.17	70.60	373.62
2005	5	中旬	244.20	51.98	109.41	487.42
2005	5	下旬	243.55	51.81	104.31	489.44
2005	6	上旬	221.07	46.06	97.18	456.09
2005	6	中旬	210.11	42.11	95.49	449.05
2005	6	下旬	208.733	41.173	96.145	458.857
2005	7	上旬	212.65	37.25	110.91	466.24
2005	7	中旬	240.41	39.93	129.33	526.37
2005	7	下旬	176.64	28.45	77.55	374.04
2005	8	上旬	191.13	30.87	97.66	414.07
2005	8	中旬	182.42	29.22	83.84	383.40
2005	8	下旬	223.57	37.25	94.86	466.40
2005	9	上旬	182.26	31.39	74.99	367.54
2005	9	中旬	178.38	31.11	61.20	349.14
2005	9	下旬	—	—	—	—
2005	10	上旬	—	—	—	—
2005	10	中旬	—	—	—	—
2005	10	下旬	—	—	—	—
2005	11	上旬	110.94	25.12	17.50	208.41
2005	11	中旬	82.46	13.12	14.78	162.25
2005	11	下旬	71.27	22.94	2.12	141.53
2005	12	上旬	91.94	57.51	−12.36	158.69
2005	12	中旬	99.31	57.02	−15.52	151.53
2005	12	下旬	93.01	61.96	−12.63	161.41
2006	1	上旬	100.37	57.86	−12.31	165.71
2006	1	中旬	90.66	51.48	−9.13	164.17
2006	1	下旬	106.68	67.40	−8.01	193.81
2006	2	上旬	119.66	81.00	−2.60	226.88
2006	2	中旬	121.61	37.84	21.69	228.29
2006	2	下旬	106.59	53.27	14.35	198.91
2006	3	上旬	174.37	80.92	32.89	308.15
2006	3	中旬	176.11	39.73	57.30	322.39
2006	3	下旬	204.63	44.94	70.43	321.19
2006	4	上旬	176.72	40.55	65.21	290.22
2006	4	中旬	174.97	41.67	63.62	271.31
2006	4	下旬	213.97	46.70	76.00	294.37
2006	5	上旬	196.95	41.35	69.79	277.30
2006	5	中旬	224.97	48.23	81.80	339.07
2006	5	下旬	264.00	53.81	104.85	367.58
2006	6	上旬	183.11	33.87	74.14	261.15
2006	6	中旬	240.66	45.18	106.77	282.46
2006	6	下旬	195.58	35.13	82.12	260.78
2006	7	上旬	187.40	36.42	101.92	242.34
2006	7	中旬	101.17	37.80	104.79	342.40
2006	7	下旬	235.94	45.65	112.51	287.71
2006	8	上旬	213.20	39.22	106.85	304.15
2006	8	中旬	199.05	37.79	86.55	283.00

（续）

年份	月份	旬	总辐射旬合计值（MJ/m²）	反射辐射旬合计值（MJ/m²）	净辐射旬合计值（MJ/m²）	光合有效辐射旬合计值（mol/m²）
2006	8	下旬	219.61	42.17	91.99	363.38
2006	9	上旬	182.96	65.67	61.02	285.21
2006	9	中旬	179.50	32.36	84.56	346.03
2006	9	下旬	173.21	30.88	72.97	334.47
2006	10	上旬	147.93	27.34	56.96	288.30
2006	10	中旬	146.60	29.15	47.97	278.29
2006	10	下旬	124.65	24.51	34.13	238.16
2006	11	上旬	110.30	24.48	25.83	207.57
2006	11	中旬	86.79	35.17	9.04	165.19
2006	11	下旬	87.52	39.62	6.35	161.73
2006	12	上旬	92.20	43.86	−1.63	161.38
2006	12	中旬	86.55	43.20	−3.90	155.09
2006	12	下旬	95.14	49.62	−15.72	148.39
2007	1	上旬	87.24	51.57	−8.95	155.54
2007	1	中旬	91.09	52.73	−7.64	157.94
2007	1	下旬	123.52	73.07	−10.00	212.28
2007	2	上旬	119.81	73.71	1.28	229.11
2007	2	中旬	147.23	87.43	6.33	275.08
2007	2	下旬	121.08	40.38	31.40	233.12
2007	3	上旬	143.98	93.93	12.61	278.80
2007	3	中旬	189.41	56.97	65.03	355.14
2007	3	下旬	186.78	38.36	78.09	355.91
2007	4	上旬	181.77	34.32	73.25	305.67
2007	4	中旬	194.48	37.47	83.23	297.54
2007	4	下旬	214.45	45.30	92.62	317.06
2007	5	上旬	221.63	46.94	91.06	299.51
2007	5	中旬	217.14	40.17	99.51	245.57
2007	5	下旬	259.67	47.87	118.75	305.83
2007	6	上旬	261.63	50.86	110.84	342.69
2007	6	中旬	197.18	36.39	84.96	308.19
2007	6	下旬	239.29	39.37	110.29	307.52
2007	7	上旬	226.70	37.45	97.10	265.27
2007	7	中旬	227.80	34.76	117.69	279.02
2007	7	下旬	219.54	34.38	102.01	327.69
2007	8	上旬	162.64	25.29	74.01	284.85
2007	8	中旬	216.90	30.86	109.02	467.51
2007	8	下旬	228.30	34.16	98.97	446.76
2007	9	上旬	220.67	36.48	94.07	330.54
2007	9	中旬	158.97	26.35	65.17	190.20
2007	9	下旬	—	—	—	—
2007	10	上旬	—	—	—	—
2007	10	中旬	123.04	26.27	37.74	225.62
2007	10	下旬	136.21	31.42	37.16	249.01
2007	11	上旬	101.84	27.39	23.17	186.20
2007	11	中旬	91.95	24.15	15.64	164.67
2007	11	下旬	88.475	21.80	10.84	156.52
2007	12	上旬	79.674	35.34	−2.46	129.77
2007	12	中旬	92.904	57.08	−13.25	144.43
2007	12	下旬	62.6	39.00	−7.54	105.42
2008	1	上旬	89.326	50.27	−9.05	259.15
2008	1	中旬	88.419	44.32	−3.31	263.73
2008	1	下旬	115.224	78.97	−13.05	350.40
2008	2	上旬	128.767	85.89	−4.41	396.10
2008	2	中旬	140.243	78.31	11.24	446.35

（续）

年份	月份	旬	总辐射旬合计值（MJ/m²）	反射辐射旬合计值（MJ/m²）	净辐射旬合计值（MJ/m²）	光合有效辐射旬合计值（mol/m²）
2008	2	下旬	123.174	38.83	31.08	244.73
2008	3	上旬	145.407	27.22	52.10	278.24
2008	3	中旬	150.738	30.13	48.49	277.91
2008	3	下旬	169.85	38.15	64.88	298.40
2008	4	上旬	185.044	31.78	75.62	336.03
2008	4	中旬	203.463	33.02	82.85	318.27
2008	4	下旬	198.97	52.29	75.48	303.05
2008	5	上旬	207.453	40.91	81.73	307.96
2008	5	中旬	231.022	46.47	90.72	328.18
2008	5	下旬	232.798	45.71	99.10	340.91
2008	6	上旬	249.678	43.10	113.77	215.81
2008	6	中旬	209.733	36.28	95.98	264.01
2008	6	下旬	211.382	33.23	102.67	309.66
2008	7	上旬	229.894	42.61	111.67	406.09
2008	7	中旬	203.592	36.41	86.44	352.25
2008	7	下旬	246.566	42.22	114.80	441.93
2008	8	上旬	222.665	41.33	111.36	400.95
2008	8	中旬	207.537	41.57	101.51	377.09
2008	8	下旬	220.127	41.23	98.08	403.84
2008	9	上旬	190.81	35.72	80.58	354.22
2008	9	中旬	187.345	36.79	78.65	359.81
2008	9	下旬	169.487	32.98	66.32	305.13
2008	10	上旬	152.584	33.17	55.35	278.35
2008	10	中旬	144.606	33.48	51.45	282.33
2008	10	下旬	131.033	54.22	15.36	242.16
2008	11	上旬	110.372	27.25	20.30	202.86
2008	11	中旬	93.283	50.62	−4.02	167.70
2008	11	下旬	87.771	44.65	−3.32	157.49
2008	12	上旬	84.835	47.84	−12.77	151.60
2008	12	中旬	81.074	39.63	−11.62	139.53
2008	12	下旬	86.29	43.37	−10.15	145.85

注：(1) 数据源自自动气象站（MILOS辐射站）的监测数据；
(2) 表中"—"表示该时间段仪器或传输通道出现故障，造成数据缺失。

表4-19 自动观测辐射数据（月合计）

年份	月份	总辐射月合计（MJ/m²）	反射辐射月合计（MJ/m²）	净辐射月合计（MJ/m²）	光合有效月合计（mol/m²）
2005	1	—	—	—	—
2005	2	405.837	261.224	−17.474	662.874
2005	3	592.187	184.382	155.077	1034.773
2005	4	—	—	—	—
2005	5	682.704	146.964	284.314	1350.473
2005	6	639.916	129.345	288.818	1364
2005	7	629.692	105.63	317.794	1366.653
2005	8	597.126	97.333	276.361	1263.868
2005	9	544.043	94.158	202.793	1072.261
2005	10	—	—	—	—
2005	11	294.078	67.981	38.226	569.104
2005	12	284.255	176.492	−40.518	471.627
2006	1	297.698	176.746	−29.456	523.688
2006	2	347.86	172.107	33.444	654.081

（续）

年份	月份	总辐射月合计 (MJ/m²)	反射辐射月合计 (MJ/m²)	净辐射月合计 (MJ/m²)	光合有效月合计 (mol/m²)
2006	3	555.103	165.583	160.622	951.731
2006	4	565.665	128.915	204.833	855.899
2006	5	685.916	143.398	256.434	983.952
2006	6	640.701	118.115	272.09	832.13
2006	7	541.986	123.862	329.851	901.528
2006	8	631.864	119.169	285.395	950.53
2006	9	554.146	133.353	226.089	999.001
2006	10	419.179	80.997	139.058	804.742
2006	11	284.614	99.271	41.217	534.497
2006	12	273.893	136.682	−21.25	464.85
2007	1	311.897	183.29	−27.484	543.288
2007	2	388.114	201.516	39.017	737.303
2007	3	520.168	189.252	155.723	989.852
2007	4	590.696	117.09	249.101	920.274
2007	5	698.446	134.978	309.311	850.9
2007	6	698.096	126.616	306.084	958.403
2007	7	674.041	106.586	316.798	871.975
2007	8	607.841	90.302	281.997	1199.112
2007	9	547.876	90.408	225.623	724.615
2007	10	443.461	84.695	112.476	702.088
2007	11	291.998	75.869	51.367	524.888
2007	12	242.472	135.962	−24.747	392.163
2008	1	292.969	173.567	−25.405	873.276
2008	2	392.184	203.032	37.900	1087.173
2008	3	465.995	95.496	165.475	854.547
2008	4	587.477	117.098	233.953	957.339
2008	5	671.273	133.088	271.542	977.043
2008	6	670.793	112.602	312.413	789.47
2008	7	680.052	121.241	312.911	1200.273
2008	8	650.329	124.129	310.941	1181.874
2008	9	547.642	105.496	225.547	1019.159
2008	10	428.223	120.863	122.156	802.838
2008	11	291.426	122.513	12.955	528.043
2008	12	252.199	130.844	−34.541	436.976

注：(1) 数据源自自动气象站（MILOS辐射站）的监测数据；
(2) 表中“—”表示仪器在该月的某个时间段出现故障，无法统计数据。

第五章

科研论文目录（2004—2008）

该章主要收录了2004—2008年间科研人员依托内蒙古草原站做为野外基地所发表的相关科研论文；通过查阅这些文献，将有助于读者理解和引用本书的相关数据。

5.1 内蒙古草原站2004年科研论文目录

（1）Bai YF，Han XG，Wu JG，Chen ZZ，Li LH. Ecosystem stability and compensatory effects in the Inner Mongolia grassland. *Nature*，2004，431：181～184.

（2）Bao YJ，Li ZH，Zhong YK. Compositional dynamics of plant functional groups and their effects on stability of community ANPP durin g 17 yr of mowing succession on *Leymus chinensis steppe* of Inner Mongolia，China. *Acta Botanica Sinica*，2004，46：1155～1162.

（3）Chen B，Kang L. Variation in cold hardiness of *Liriomyza huidobrensis*（Diptera，Agromyzidae）along atitudinal gradients. *Environmental Entomology*，2004，33：155～164.

（4）Chen SP，Bai YF，Zhang LX，Han XG. Comparing physiological responses of two dominant grass species to nitrogen addition in Xilin River Basin of China. *Environmental and Experimental Botany*，2004，53：65～75.

（5）Hao SG，Kang L. Effects of temperature on post-diapause development and hatching ability of three species grasshoppers（*Orthoptera*，*Acrididiae*）in Inner Mongolia of China. *Journal of Applied Entomology*，2004，128：95～101.

（6）Hao SG，Kang L. Supercooling capacity and cold hardiness of eggs of *Chorthippus fallax*（Zub.）（Orthoptera，Acrididae）. *European Journal of Entomology*，2004，101：231～236.

（7）Hao SG，Kang L. Post-diapause development and hatching rate of three grasshopper species（Orthoptera，Acrididae）in Inner Mongolia. *Environmental Entomology*，2004，33：1528～1534.

（8）He NP，Han XG，Sun W，Pan QM. Biogenic VOCs emission inventory development of temperate grassland vegetation in Xilin River Basin，Inner Mongolia，China. *Journal of Environmental Sciences*，2004，16：1024～1032.

（9）Jing XH，Kang L. Seasonal changes in the cold tolerance of eggs of the migratory locust，*Locusta migratoria L.*（Orthoptera，Acrididae）. *Environmental Entomology*，2004，33：113～118.

（10）Li MF，Dong YS，Geng YB，Qi YC. Response of CO_2 emissions to the change of major environmental factors in a temperate grassland ecosystem. *Agricultural Sciences in China*，2004，3：234～240.

（11）Li XZ，Chen ZZ. Soil microbial biomass C and N along a climatic transect in the Mongolian steppe. *Biology and Fertility of Soils*，2004，39：344～351.

（12）Liu GS. Factors affecting the plant regeneration from tissue culture of *Leymus chinensis*. *Plant Cell Tissue and Organ Culture*，2004，76：175～178.

（13）Liu GS. Highly efficient embryo germination in vitro shortens the breeding cycle in *Leymus chinensis*. *Vitro plant*，2004，40：321～324.

（14）Liu XQ，Wang RZ，Li，YZ. Photosynthetic pathway types in rangeland plant species from Inner Mongolia，North China. *Photosynthetica*，2004，42：339～344.

（15）Ni J. Estimating grassland net primary productivity from field biomass? measurements in temperate northern China. *Plant Ecology*，2004，174：217～234.

（16）Wang RZ. C_4 Species and their response to large-scale longitudinal climate changes along Northeast China Transect（NECT），*Photosynthetica*，2004，42：71～79.

（17）Wang RZ，Gao Q. Morphological responses of Leymus chinensis（Poaceae）to large-scale climatic gradient along the Northeast China Transect（NECT），*Diversity and Distribution*，2004，10：65～73.

（18）Wang YF，Wang SP，Xing XR，Chen ZZ，Schnug E，Haneklaus S. Competition strategies of resources between *Stipa grandis and Cleistogenes squarrosa*. I Morphological response of shoot and root on sulfur supply. *Acta Botanica Sinica*，2004，46：35～45.

（19）Yuan ZY，Li LH，Han XG. Effects of simulating grazing pattern and nitrogen supply on plant growth in a semiarid region of northern China. *Acta Botanica Sinica*，2004，46：1032～1039.

（20）Zhang LX，Bai YF，Han XG. Differential responses of N，P stoichiometry of *Leymus chinensis and Carex Korshinskyi* to N additions in a steppe ecosystem in Nei Mongol. *Acta Botanica Sinica*，2004，46：259～270.

（21）白建辉，王庚辰．内蒙古草原光合有效辐射的计算方法．环境科学研究，2004，17(6)：15～18.

（22）宝音陶格涛，白永飞．农牧交错区面临的问题及其解决的途径—以内蒙古多伦县为例．应用生态学报，2004，15：245～248.

（23）鲍雅静，李政海，仲延凯，杨持．不同频次刈割对内蒙古羊草草原群落能量固定与分配规律的影响．草业学报，2004，13（5）：46～52.

（24）陈全胜，李凌浩，韩兴国．典型温带草原群落土壤呼吸温度敏感性与土壤水分的关系．生态学报，2004，24：831～836.

（25）陈世苹，白永飞，韩兴国，安吉林，郭富存．沿土壤水分梯度黄囊苔草碳同位素组成及其适应策略的变化．植物生态学报，2004，28：515～522.

（26）董云社，齐玉春，Manfred D，耿元波，杨小红，刘立新，刘杏认．内蒙古温带半干旱草原 N_2O 通量及其影响因素．地理研究，2004，23（6）：776～784.

（27）高英志，韩兴国，汪诗平．放牧对草原土壤的影响．生态学报，2004，24：790～797.

（28）高英志，汪诗平，韩兴国，陈全胜，王艳芬，周志勇，张淑敏，杨晶．退化草地恢复过程中土壤氮素状况以及与植被地上绿色生物量形成关系的研究．植物生态学报，2004，28：285～293.

（29）李凌浩，李鑫，白文明，王其兵．锡林河流域一个放牧羊草群落中碳素平衡的初步估计．植物生态学报，2004，28：312～317.

（30）李明峰，董云社，耿元波，齐玉春．草原土壤的碳氮分布与 CO_2 排放通量的相关性分析．环境科学，2004，25（2）：7～11.

（31）李明峰，董云社，耿元波，齐玉春．温带草原生态系统 CO_2 排放对环境因子变化的响应．中国农业科学，2004，37：1722～1727.

（32）李明峰，董云社，齐玉春，耿元波．极端干旱对温带草地生态系统 CO_2、CH_4、N_2O 通量特征的影响．资源科学，2004，26（3）：89～95.

（33）李明峰，董云社，齐玉春，耿元波．农垦对温带草地生态系统 CO_2、CH_4、N_2O 通量的影响．

中国农业科学，2004，37：1960～1965.

（34）刘伟，宛新荣，王广和，刘文东，钟文勤．不同季节长爪沙鼠同生群的繁殖特征及其在生活史对策中的意义．兽类学报，2004，24：229～234.

（35）刘振国，李振清．不同放牧强度下冷蒿种群小尺度空间格局．生态学报，2004，24：227～237.

（36）刘忠宽，汪诗平，韩建国，陈佐忠，王艳芬．放牧家畜排泄物N转化研究进展．生态学报，2004，24：775～783.

（37）刘忠宽，汪诗平，韩兴国，陈全胜，王艳芬，周志勇，张淑敏，杨晶．退化草地恢复过程中土壤氮素状况以及与地上绿色生物量形成关系的研究．植物生态学报，2004，28：285～293.

（38）潘庆民，白永飞，韩兴国，杨景成．内蒙古典型草原羊草群落氮素去向的示踪研究．植物生态学报，2004，28：665～671.

（39）潘庆民，白永飞，韩兴国，张丽霞．羊草根茎的贮藏碳水化合物及对氮素添加的响应．植物生态学报，2004，28：53～58.

（40）邱星辉，康乐，李鸿昌．内蒙古草原主要蝗虫的防治经济阈值．昆虫学报，2004，47：595～598.

（41）汪诗平．草原植物的放牧抗性．应用生态学报，2004，15：517～522.

（42）王常慧，邢雪荣，韩兴国．草地生态系统中土壤氮素矿化影响因素的研究进展．应用生态学报，2004，15：2184～2188.

（43）王常慧，邢雪荣，韩兴国．温度和湿度对我国内蒙古羊草草原土壤净碳矿化的影响．生态学报，2004，24：2472～2476.

（44）王庚辰，杜睿，孔琴心，吕达仁．中国温带典型草原土壤呼吸特征的实验研究．科学通报，2004，49：692～696.

（45）熊小刚，韩兴国，陈全胜，米湘成．平衡与非平衡生态学在锡林河流域典型草原放牧系统中的应用．生态学报，2004，24：165～2170.

5.2 内蒙古草原站2005年科研论文目录

（1）Chen SP，Bai YF，Lin GH，Liang Y，Han XG. Effects of grazing on photosynthetic characteristics of major steppe species in the xilin river Basin，Inner Mongolia，China. *Photosynthetica*，2005，43：559～565.

（2）Chen SP，Bai YF，Zhang LX，Han XG. Comparing physiological responses of two dominant grass species to N addition in Xillin River Basin of China. *Experimental and Environmental Botany*，2005，53：65～75.

（3）Cui XY，Wang YF，Niu HS，Wu J，Wang SP. Effects of long-term grazing on soil organic carbon content in semiarid steppes in Inner Mongolia. *Ecological Research*，2005，20：519～527.

（4）Dong YS，Qi YC，Liu JY，Geng YB，Manfred D，Yang XH，Liu LX. Variation characteristics of soil respiration fluxes in four types of grassland communities under different precipitation intensity. *Chinese Science Bulletin*，2005，50：583～591.

（5）Gao YZ，Wang SP，Han XG，Patton BDP，Nyren PE. Competition between *Artemisisa frigida* and *Cleistogenes squarrosa under* different clipping intensities in replacement series mixtures at different nitrogen levels. *Grass and Forage Science*，2005，60：119～127.

（6）He NP，Han XG，Pan QM. Variations in VOCs emission potential of plant functional groups in the temperate grassland vegetation of Inner Mongolia，China. *Journal of Integrative Plant Biology*，2005，

47：13～19.

（7）Kawamur K，Akiyama T，Yokota HO，Tsutsumi M，Yasuda T. Comparing MODIS vegetation indices with AVHRR NDVI for monitoring the forage quantity and quality in Inner Mongolia grassland. *China Grassland Science*，2005，51：33～40.

（8）Kawamura K，Akiyama T，Yokota H，Tsutsumi M，Yasuda T，Watanabe O. Quantifying grazing intensities using geographic information systems and satellite remote sensing in the Xilingol steppe region，Inner Mongolia，China. *Agriculture，Ecosystems and Environment*，2005，107：83～93.

（9）Wang SP，Niu HS，Cui XY，Jiang S，Li YH，Xiao XM，Wang JZ，Wang GJ，Huang DH，Qi QH，Yang ZG. Plant communities，ecosystem stability in Inner Mongolia. *Nature*，2005，435：PE5.

（10）Wang ZP，Han XG. Diurnal variation in methane emissions in relation to plants and environmental variable in the Inner Mongolia marshes. *Atmospheric Environment*，2005，39：6295～6305.

（11）Wang ZP，Han XG，Li LH，Chen QS. Methane emission from small wetlands and implications for semiarid region budgets. *Journal of Geophysical Research*，2005，110：D13304，doi，10 1029/2004JD005548.

（12）Wu JG，Bai YF，Han XG，Li LH，Chen ZZ. Plant communities，ecosystem stability in Inner Mongolia（reply）. *Nature*，2005，435：PE6.

（13）Yuan Z，Li L，Han X，Huang J，Jiang G，Wan S，Zhang W，Chen Q. Nitrogen resorption from senescing leaves in 28 plant species in a semi-arid region of northern China. *Journal of Arid Environments*，2005，63：91～202.

（14）Yuan Z，Li L，Han X，Huang J，Jiang G，Wan S，Zhang W，Chen Q. Soil characteristics and nitrogen resorption in *Stipa krylovii native* to northern China. *Plant and Soil*，2005，273：257～268.

（15）Yuan Z，Li L，Han X，Wan S，Zhang W. Variation in nitrogen economy of two Stipa species in the semiarid region of northern China. *Journal of Arid Environments*，2005，61：13～25.

（16）Yuan Z，Li L，Huang J，Han X，Wan S. Effect of nitrogen supply on the nitrogen use efficiency of an annual herb，*Helianthus annuus L*. *Journal of Integrative Plant Biology*，2005，47：539～548.

（17）Yuan ZY，Li LH，Han XG，Huang JH，Wan SQ. Foliar nitrogen dynamics and nitrogen resorption of a sandy shrub *Salix gordejevii* in northern China. *Plant and Soil*，2005，278：183～193.

（18）包青海，宝音陶格涛，仲延凯，孙维，刘美玲．不同轮割制度对典型草原主要种群的影响. 应用生态学报，2005，16：2333～2338.

（19）鲍雅静，李政海，仲延凯，杨持．不同频次刈割对羊草草原主要植物种群能量现存量的影响．植物学通报，2005，22：153～162.

（20）蔡学彩，李镇清，陈佐忠，王义凤，汪诗平，王艳芬．内蒙古草原大针茅群落地上生物量与降水量的关系．生态学报，2005，25：1657～1662.

（21）董云社，齐玉春，刘纪远，耿元波，Manfred D，杨小红，刘立新．不同降水强度四种草地群落土壤呼吸通量变化特征．科学通报 2005，50：473～480.

（22）刘伟，宛新荣，钟文勤．食物诱惑长爪沙鼠集群贮食的野外实验设计及其在社群研究中的应用．兽类学报，2005，25：115～121.

（23）刘振国，李镇清，Nijs I，Bogaert J. 糙隐子草种群在不同放牧强度下的小尺度空间格局．草业学报，2005，14：11～17.

（24）刘振国，李镇清，董鸣．植物群落动态的模型分析．生物多样性，2005，13：269～277.

（25）刘振国，李镇清．植物群落中物种小尺度空间结构研究．植物生态学报，2005，29：1020～1028.

（26）潘庆民，白永飞，韩兴国，杨景成．氮素对内蒙古典型草原羊草种群的影响．植物生态学报，2005，29：311～317.

（27）齐玉春，董云社，刘纪远，耿元波，李明峰，杨小红，刘立新．内蒙古半干旱草原 CO_2 排放通量日变化特征及环境因子的贡献．中国科学，2005，35：493～501.

（28）齐玉春，董云社，杨小红，耿元波，刘立新，李明峰．放牧对温带典型草原主要含碳气体 CO_2、CH_4 源汇特征的影响．资源科学，2005，27（2）：103～109.

（29）孙伟，林光辉，陈世苹，黄建辉．稳定性同位素技术与 Keeling 曲线法在陆地生态系统碳、水交换研究中的应用．植物生态学报，2005，29：851～862.

（30）汪诗平，王艳芬，姚依群．内蒙古典型草原施硫肥对绵羊氮硫代谢和生产性能的影响．动物营养学报，2005，12（2）：53～56.

（31）王国杰，汪诗平，郝彦斌，蔡学彩．水分梯度上放牧对内蒙古主要草原群落功能群多样性与生产力关系的影响．生态学报，2005，25：1649～1656.

（32）王智平，陈全胜．植物近期光合碳分配及转化．植物生态学报，2005，29：845～850.

（33）熊小刚，韩兴国．内蒙古半干旱草原灌丛化过程中小叶锦鸡儿引起的土壤碳、氮资源空间异质性分布．生态学报，2005，25：1678～1683.

（34）杨小红，董云社，齐玉春，耿元波．锡林河流域羊草草原暗栗钙土矿质氮动态变化．地理研究，2005，24：387～393.

（35）杨小红，董云社，齐玉春，耿元波，刘立新．内蒙古羊草草原土壤净氮矿化研究．地理科学进展，2005，24（2）：30～37.

5.3 内蒙古草原站 2006 年科研论文目录

（1）Bai JH，Baker B，Liang BS. Isoprene and monoterpene emission from an Inner Mongolia grassland. *Atmospheric Environment*，2006，40：5753～5758.

（2）Chen JF，Zhong WQ，Wang DH. Metabolism and thermoregulation in Maximowiczi's voles and Djungarian hamsters. *Journal of Thermal Biology*，2006，31：583～587.

（3）Dong YS，Qi YC，Liu JY，Domroes M，Liu LX，Geng YB，Liu XR，Yang XH，Li MF. Emission characteristics of carbon dioxide in the semiarid Stipa grandis steppe in Inner Mongolia，China. *Journal of Environmental Sciences*，2006，18：488～494.

（4）Du R，Lu DR，Wang GC. Diurnal，seasonal，and inter-annual variations of N_2O fluxes from native semi-arid grassland soils of Inner Mongolia. *Soil Biology & Biochemistry*，2006，38:3474～3482.

（5）Fu YL，Yu GR，Sun XM，Depression of net ecosystem CO_2 exchange in the semi-arid *Leymus chinensis* steppe and alpine shrub. *Agricultural and Forest Meteorology*，2006，137：234～244.

（6）Guo ZW，Li HC，Gan YL. Grasshopper（*Orthoptera*，*Acrididae*）biodiversity and grassland ecosystems. *Insect Science*，2006，13：211～227.

（7）Jiang GM，Han XG，Wu JG. Restoration and management of the Inner Mongolia grassland require a sustainable strategy. *AMBIO*，2006，35：269～270.

（8）Li HT，Han XG，Wu JG. Variant scaling relationship for mass-density across tree-dominated communities. *Journal of Integrative Plant Biology*，2006，48：268～277.

（9）Lin L，Liu G，Zhang Y. Study on the n-alkane patterns of five dominant forage species of the typical steppe grassland in Inner Mongolia of China. *Journal of Agricultural Science*，2006，144：159～164.

（10）Liu HS，Li LH，Han XG，Huang JH，Sun JX，Wang HY. Respiratory substrate availability plays a crucial role in the response of soil respiration to environmental factors. *Applied Soil Ecology*，2006，32：284～292.

（11）Liu P，Huang JH，Han XG，Sun JO，Zhou ZY. Differential response of litter decomposition to increased soil nutrients and water between two contrasting grassland plant species of Inner Mongolia，China. *Applied Soil Ecology*，2006，34：266～275.

（12）Ma RY，Hao SG，Kun WN，Sun JH，Kang L. Cold hardiness as a factor for assessing the potential distribution of the Japanese pine sawyer *Monochamus alternatus*（Coleoptera，Cerambycidae）in China. *Annals of Forest Science*，2006，63：449～456.

（13）Qi YC，Dong YS，Liu JY，Domroes M，Geng YB，Liu LX，Liu XR. Comparision of CO_2 effluxes and their driving factors between two temperate steppes in Inner Mongolia，China. *Advances in Atmospheric Sciences*，2006，23：726～736.

（14）Tong C，Ye WH，Hou BH. Developing an environmental indicator system for sustainable development in China，two case studies of selected indicators. *Environmental management*，2006，38：688～702.

（15）Wang ZP，Han XG，Li LH. Methane emission patches in riparian marshes of the Inner Mongolia. *Atmospheric Environment*，2006，40：5528～5532.

（16）Wang CH，Wan SQ，Xing WR，Zhang L，Han XG. Temperature and soil moisture interactively affected soil net N mineralization in temperate grassland in Northern China. *Soil Biology & Biochemistry*，2006，38：1101～1110.

（17）Xu R，Niu HS，Li CS. Uncertainties in up-scaling N_2O flux from field to $1°\times 1°$scale：A case study for Inner Mongolian grasslands in China. *Soil Biology & Biochemistry*，2006，38：633～643.

（18）Yuan ZY，Li LH，Han XG，Chen SP，Wang ZW，Chen QS，Bai WM. Nitrogen response efficiency increased monotonically with decreasing soil resource availability，a case study from a semiarid grassland in Northern China. Oecologia，2006，148：564～572.

（19）Zhang Z，Wang SP，Nyren P，Jiang GM. Morphological and reproductive response of Caragana microphylla to different stocking rates. Journal of Arid Environments，2006，67：671～677.

（20）Zhou Z，Sun OJ，Huang J，Gao Y，Han X. Land use affects the relationship between species diversity and productivity at the local scale in a semi-arid steppe ecosystem. *Functional Ecology*，2006，20：753～762.

（21）宝音陶格涛，王静．退化羊草草原在浅耕翻处理后植物多样性动态研究．中国沙漠，2006，26：232～237.

（22）鲍雅静，李政海，韩兴国，宋国宝，杨晓慧．植物热值及其生物生态学属性．生态学杂志，2006，25：1095～1103.

（23）陈佐忠，汪诗平．关于建立草原生态补偿机制的探讨．草地学报，2006，14（1）：1～8.

（24）杜睿．温度和水分对草甸草原土壤氧化亚氮产生速率的调控．应用生态学报，2006，17：2170～2174.

（25）黄祥忠，郝彦宾，王艳芬，周小奇，韩喜，贺俊杰．极端干旱条件下锡林河流域羊草草原净生态系统碳交换特征．植物生态学报，2006，30：894～900.

（26）刘贵河，林立军，张英俊，汪诗平，韩建国，马秀枝．饱和链烷技术测定绵羊食性含量精确性研究．中国农业科学，2006，39：1472～1479.

（27）刘立新，董云社，齐玉春．锡林河流域生长季节不同草地类型根系呼吸特征研究．环境科学，2006，27：2376～2381.

（28）刘忠宽，汪诗平，陈佐忠，王艳芬，韩建国．不同放牧强度草原休牧后土壤养分和植物群落变化特征．生态学报，2006，26：2048～2055.

（29）宛新荣，刘伟，王广和，王梦军，钏文勤．典型草原区布氏田鼠的活动节律及其季节变化．兽类学报，2006，26：226～234.

（30）熊小刚，韩兴国．内蒙古退化草原中与小锦鸡儿相关的小尺度土壤碳、氮资源异质性动态.生态学报，2006，26：483～488.

（31）熊小刚，韩兴国．运用状态与过渡模式讨论锡林河流域典型草原的灌丛化．草业学报，2006，15（2）：9～13.

（32）熊小刚，韩兴国．资源岛在草原灌丛化和灌丛化草原中的作用．草业学报,2006，15(1)：9～14.

（33）张光辉，李增嘉，潘庆民，宁堂原，杨景成．内蒙古典型草原羊草和大针茅地下器官中碳水化合物含量的季节性变化．草业学报，2006，15（3）：42～49.

（34）赵念席，高玉葆，王金龙，任安芝，徐华．大针茅种群 RAPD 多样性及其与若干生态因子的相关关系．生态学报，2006，26：1312～1319.

5.4 内蒙古草原站 2007 年科研论文目录

（1）Bai YF，Wu JG，Pan QM，Huang JH，Wang QB，Li FS，Buyantuyev A，Han XG. Positive linear relationship between productivity and diversity，evidence from the Eurasian Steppe. *Journal of Applied Ecology*，2007，44：1023～1034.

（2）Chen S，Bai Y，Lin G，Huang J，Han X. Isotopic carbon composition and related characters of dominant species along an environmental gradient in Inner Mongolia，China. *Journal of Arid Environments*，2007，71：12～28.

（3）Chen SP，Bai YF，Lin GH，Huang JH，Han XG. Variation in $\delta^{13}C$ values among major plant community types in the Xilin River Basin，Inner Mongolia，China. *Australian Journal of Botany*，2007，55：48～54.

（4）Fan L，Liu SH，Bernhofer CH，Liu H，Berger FH. Regional land surface energy fluxes by satellite remote sensing in the upper Xilin River Watershed. *Theoreticl and Applied Climatology*，2007，81：231～245.

（5）Gao YZ，Wang SP，Han XG，Chen QS，Zhou ZY，Patton BD. Defoliation，nitrogen，and competition，effects on plant growth and resource allocation of *Cleistogenes squarrosa and Artemisia frigia*. *Journal of Plant Nutrient Soil Science*，2007，170：115～122.

（6）Hao YB，Wang YF，Huang XZ，Cui XY，Zhou XQ，Wang SP，Niu HS，Jinag GM. Seasonal and interannual variation in water vapor and energy exchange over a typical steppe in Inner Mongolia，China. *Agricultural and Forest meteorology*，2007，146：57～69.

（7）Holst J，Liu C，Bruggemann N，Butterbach-Bahl K，Zheng XH，Wang YS，Han SH，Yao ZS，Han XG. Microbial N turnover and N-oxide fluxes in semi-arid grassland of Inner Mongolia. *Ecosystems*，2007，10：623～634.

（8）Kang L，Han XG，Zhang ZB，Sun OJ. Grassland ecosystems in China：review of current knowledge and research advancement. *Philosophical Transactions of The Royal Society B*, 2007, 362: 997～1008.

(9) Li G, Jiang G, Li Y, Liu M, Peng Y, Li L, Han X. A new approach to the fight against desertification in Inner Mongolia. *Environmental Conservation*, 2007, 34: 95～97.

(10) Liu CY, Holst J, Bruggemann N, Butterbach-Bahl K, Yao ZS, Yue J, Han SH, Han XG. Winter-grazing reduces methane uptake by soils of a typical semi-arid steppe in Inner Mongolia, China. *Atmospheric Environment*, 2007, 41: 5948～5958.

(11) Liu P, Sun OJ, Huang JH, Li LH, Han XG. Nonadditive effects of litter mixtures on decomposition a correlation with initial litter N and P concentrations in grassland plant species of northern China. *Biology and Fertility of Soils*, 2007, 44: 211～216.

(12) Liu ZG, Li ZQ, Dong M, Nijs I, Bogaert J, El-Bana M. Small-scale spatial associations between *Artemisia frigida and Potentilla acaulis* at different intensities of sheep grazing. *Applied Vegetation Science*, 2007, 10: 139～148.

(13) Ma KZ, Hao SG, Zhao HY, Kang L. Strip cropping wheat and alfalfa to improve the biological control of the wheat aphid Macrosiphum avenaeby the mite Allothrombium ovatum. *Agriculture, Ecosystems and Environment*, 2007, 119: 49～52.

(14) Mannel TT, Auerswald K, Schnyder H. Altitudinal gradients of grassland carbon and nitrogen isotope compostion are recorded in the hair of grazers. *Global Ecology and Biogeography*, 2007, 16: 583～592.

(15) Ni J, Wang GH, Bai YF, Li XZ. Scale-dependent relationships between plant diversity and above-ground biomass in temperate grasslands, south-eastern Mongolia. *Journal of Arid Environments*, 2007, 68: 132～142.

(16) Qi YC, Dong YS, Liu JY, Domroes M, Geng YB, Liu LX, Liu XR, Yang XH. Effect of the conversion of grassland to spring wheat on the CO_2 emission characteristics in Inner Mongolia, China. *Soil & Tillage research*, 2007, 94: 310～320.

(17) Wang CJ, Wang SP, Zhou H, Glindemann. Effects of forage composition and growing season on methane emission from sheep in the Inner Mongolia steppe of China. *Ecological Research*, 2007, 22: 41～48.

(18) Wang ZP, Li LH, Han XG, Li ZQ, Chen QS. Dynamics and allocation of recently photoassimilate carbon in an Inner Mongolia temperate steppe. *Environmental and Experimental Botany*, 2007, 59: 1～10.

(19) Xu YQ, Li LH, Wnag QB, Chen QS, Cheng WX. The pattern between nitrogne mineralization and grazing intensities in an Inner Mongolian typical steppe. *Plant and Soil*, 2007, 300: 289～300.

(20) Hao YB, Wang YF. Seasonal variation in carbon exchange and its ecological analysis over Leymus chinensis steppe in Inner Mongolia. *Science in China, Series D Earth Sciences*, 2007, 49 (Supp. II): 1～10.

(21) Zhao Y, Peth S, Krummelbein J, Horn R, Wang ZY. Spatial variability of soil properties affected by grazing intensity in Inner Mongolia grassland. *Ecological Modelling*, 2007, 205: 241～254.

(22) Zhou ZY, Sun OJ, Huang JH, Li LH, Liu P, Han XG. Soil carbon and nitrogen stores and storage potential as affected by land-use in an agro-pastoral ecotone of northern China. *Biogeochemistry*, 2007, 82: 127～138.

(23) Zhao J, Qi YC, Dong YS. Diurnal and seasonal dynamics of soil respiration in desert shrubland of *Artemisia Ordosica* on Ordos Plateau. *Journal of Forestry Research*, 2007, 18: 231～235.

（24）Kruemmelbein J，Wang Z，Zhao Y. Influence of various grazing intensities on soil stability，soil structure and water balance of grassland soils in Inner Mongolia，PR China. *Advances in Geoecology*，2007，36：93～101.

（25）Zhou X，Wang YF，Cai Y，Huang XZ，Hao YB，Tian JQ，Chai TY. PCR-DGGE detection of the bacterial community structure in the Inner Mongolia steppe with two different DNA extraction methods. *Acta Ecologica Sinica*，2007，27：1684～1689.

（26）Schneider K，Ketzer B，Breuer L，Vache KB，Beruhofer C，Frede HG. Evaluation of evapotranspiration methods for model validation in a semi-arid watersheld in northern China. *Advances in Geoscience*，2007，11：37～42.

（27）金钊，齐玉春，董云社．干旱半干旱地区草原灌丛荒漠化及其生物地球化学循环．地理科学进展，2007，26：23～32.

（28）李鸿昌，郝树广，康乐．内蒙古地区不同景观植被地带蝗总科生态区系的区域性分异．昆虫学报，2007，50：361～375.

（29）刘立新，董云社，齐玉春．锡林河流域生长季节不同草地类型根系呼吸特征研究．环境科学，2007，27：2376～2381.

（30）刘立新，董云社，齐玉春，周凌晞．内蒙古锡林河流域土壤呼吸的温度敏感性．中国环境科学，2007，27：226～230

（31）刘立新，董云社，齐玉春，周凌晞．应用根去除法对内蒙古温带半干旱草原根系呼吸与土壤呼吸的区分研究．环境科学，2007，28：689～694.

（32）刘杏认，董云社，齐玉春，Domroes M. 温带典型草地土壤净氮矿化作用研究．环境科学，2007，28：633～639.

（33）于向芝，贺晓，张韬，王炜．内蒙古退化草原 8 种植物叶结构对禁牧的响应．生态学报，2007，27：1638～1645.

（34）张彩琴，杨持．内蒙古典型草原生长季内不同植物生长动态的模拟．生态学报，2007，27：3618～3630.

5.5 内蒙古草原站 2008 年科研论文目录

（1）Bai YF，Wu JG，Xing Q，Pan QM，Huang JH，Yang DL，Han XG. Primary production and rain use efficiency across a precipitation gradient on the Mongolia Plateau. *Ecology*，2008，89：2140～2153.

（2）Fan JW，Zhong HP，Harris W，Yu GR，Wang SQ，Hu ZM，Yue YZ. Carbon storage in the grasslands of China based on field measurements of above-and below-ground biomass. *Climatic Change*，2008，86：375～390.

（3）Gao YZ，Giese M，Lin S，Sattelmacher B，Zhao Y，Brueck H. Belowground net primary productivity and biomass allocation of grassland in Inner Mongolia is affected by grazing intensity. *Plant and Soil*，2008，25：7～12.

（4）Gong X，Brueck H，Giese KM，Zhang L，Sattelmachery B，Lin S. Slope aspect has effects on productivity and species composition of hilly grassland in the Xilin River Basin，Inner Mongolia，China. *Journal of Arid Environments*，2008，72：483～493.

（5）Hao YB，Wang YF，Mei XR，Huang XZ，Cui XY，Zhou XQ，Niu HY. CO_2、H_2O and energy exchange of an Inner Mongolia steppe ecosystem during a dry and wet year. *Acta Oecologica*，2008，33：133～143.

（6）He NP，Yu Q，Wu L，Wang YS，Han XG. Carbon and nitrogen store and storage potential as affected by land-use in a *Leymus chinensis* grassland of northern China. *Soil Biology & Biochemistry*，2008，40：2950～2959.

（7）Hoffmann C，Funk R，Li Y，Sommer M. Effect of grazing on wind driven carbon and nitrogen ratios in the grasslands of Inner Mongolia. *Catena*，2008，75：182～190.

（8）Hoffmann C，Funk R，Sommer M，Li Y. Temporal variations in PM10 and particle size distribution during Asian dust storms in Inner Mongolia. *Atmospheric Environment*，2008，42：8422～8431.

（9）Hoffmann C，Funk R，Wieland R，Li Y，Sommer M. Effects of grazing and topography on dust flux and deposition in the Xilingle grassland，Inner Mongolia. *Journal of Arid Environments*，2008，72：792～807.

（10）Holst J，Liu C，Yao Z，Brüggemann N，Zheng X，Giese M，Butterbach-Bah K. Fluxes of nitrous oxide，methane and carbon dioxide during freezing-thawing cycles in an Inner Mongolian steppe. *Plant and Soil*，2008，308：105～117.

（11）Hu ZM，Yu GR，Fu YL，Sun XM，Li YN，Wang YF，Zheng ZM. Effects of vegetation control on ecosystem water use efficiency within and among four grassland ecosystems in China. *Global Change Biology*，2008，14：1609～1619.

（12）John R，Chen JQ，Lu N，Guo K.，Liang CZ，Wei YF，Noormets A，Ma KP，Han XG. Predicting plant diversity based on remote sensing products in the semi-arid region of Inner Mongolia. *Remote Sensing of Environment*，2008，112：2018～2032.

（13）Ketzer B，Liu HZ，Bernhofer C. Surface characteristics of grasslands in Inner Mongolia as detected by micrometeorological measurements. *International Journal of Biometeorology*，2008，52：563～574.

（14）Li YH，Wang W，Liu ZL，Jiang S. Grazing gradient versus restoration succession of Leymus chinensis（Trin.）Tzvel. grassland in Inner Mongolia. *Restoration Ecology*，2008，16：572～583.

（15）Ma CC，Gao YB，Guo HY，Wang JL，Wu JB，Xu JS. Physiological adaptations of four dominant *Caragana* species in the desert region of the Inner Mongolia Plateau. *Journal of Arid Environments*，2008，72：247～254.

（16）Schneidera K，Huisman JA，Breuera L，Frede HG. Ambiguous effects of grazing intensity on surface soil moisture，a geostatistical case study from a steppe environment in Inner Mongolia，PR China. *Journal of Arid Environments*，2008，72：1305～1319.

（17）Schneidera K，Huisman JA，Breuera L，Zhao Y，Frede HG. Temporal stability of soil moisture in various semi-arid steppe ecosystems and its application in remote sensing. *Journal of Hydrology*，2008，359：16～29.

（18）Sha ZY，Bai YF，Xie YC，Yu M，Zhang L. Using a hybrid fuzzy classifier（HFC）to map typical grassland vegetation in Xilin River Basin，Inner Mongolia，China. *International Journal of Remote Sensing*，2008，29：2317～2337.

（19）Steffens M，Kölbl A，Totsche KU，Kögel-Knabner I. Grazing effects on soil chemical and physical properties in a semiarid steppe of Inner Mongolia（P. R. China）. *Geoderma*，2008，143：63～72.

（20）Tian H，Gai JP，Zhang JL，Christie P，Li XL. Arbuscularmycorrhizal fungi in degraded typical steppe of Inner Mongolia. *Land Degradation & Development*，2008，20：41～54.

（21）Wang JP，Wang SP，Schnug E，Haneklausb S，Patton B，Nyren P. Competition between *Stipa grandis* and *Cleistogenes squarrosa*. *Journal of Arid Environments*，2008，72：63～72.

（22）Wang ZP，Han XG，Li LH. Effects of grassland conversion to croplands on soil organic carbon in the temperate Inner Mongolia. *Journal of Environmental Management*，2007，86：529～534.

（23）Wang ZP，Han XG，Wang GG，Song Y，Gulledge J. Aerobic methane emission from plants in the Inner Mongolia steppe. *Environmental Science & Technology*，2008，42：62～68.

（24）Wittmer MHOM，Auerswald K，Tungalag R，Bai YF，Schaufele R，Schnyder H. Carbon isotope discrimination of C_3 vegetation in Central Asian grassland as related to long-term and short-term precipitation patterns. *Biogeosciences*，2008，5：913～924.

（25）Wu L，He NP，Wang Y，Han XG. Storage and dynamics of carbon and nitrogen in soil after grazing exclusion in Leymus chinensis grasslands of Northern China. *Journal of Environmental Quality*，2008，37：663～668.

（26）Xu YQ，Wan SQ，Cheng WX，Li LH. Impacts of grazing intensity on denitrification and N_2O production in a semi-arid grassland ecosystem. *Biogeochemistry*，2008，88：103～115.

（27）Zhang BL，Tsunekawa A，Tsubo M. Contributions of sandy lands and stony deserts to long-distance dust emission in China and Mongolia during 2000—2006. *Global and Planetary Change*，2008，60：487～504.

（28）Zhang XL，Wang QB，Li LH，Han XG. Seasonal variations in nitrogen mineralization under three land use types in a grassland landscape. *Acta Oecologica*，2008，34：322～330.

（29）Zhong W，Wang G，Zhou Q. Effects of winter food availability on the abundance of Daurian pikas（*Ochotona dauurica*）in Inner Mongolian grasslands. *Journal of Arid Environments*，2008，72：1383～1387.

（30）Zhou XQ，Wang YF，Huang XZ，Hao YB，Tian JQ，Wang JZ. Effects of grazing by sheep on the structure of methane-oxidizing bacterial community of steppe soil. *Soil Biology & Biochemistry*，2008，40：258～261.

（31）Zhou XQ，Wang YF，Huang XZ，Tian JQ，Hao YB. Effect of grazing intensities on the activity and community structure of methane-oxidizing bacteria of grassland soil in Inner Mongolia. *Nutrient Cycling in Agroecosystems*，2008，80：145～152.

（32）伍卫星，王绍强，肖向明，于贵瑞，伏玉玲，郝彦宾．2008 利用 MODIS 影像和气候数据模拟中国内蒙古温带草原生态系统总初级生产力．中国科学，38，993～1004.

（33）Chen SP，Lin GH，Huang JH，He M. Responses of soil respiration to simulated precipitation pulses in semiarid steppe under different grazing regimes. *Journal of Plant Ecology*，2008，1：237～246.

（34）Liu CY，Holst J，Broggemann N，Butterbach-Bahl K，Yao ZS，Han SH，Han XG，Zheng XH. Effects of irrigation on nitrous oxide，methane and carbon dioxide fluxes in an Inner Mongolian steppe. *Advances in Atomospheric Sciences*，2008，75：748～756.

（35）常瑞英，唐海萍．草原固碳量估算方法及其敏感性分析．植物生态学报，2008，32：810～814.

（36）董明伟，喻梅．沿水分梯度草原群落 NPP 动态及对气候变化响应的模拟分析．植物生态学报，2008，32：531～543.

（37）王立新，刘钟龄，刘华民，王炜，梁存柱，乔江，中越信和．内蒙古典型草原生态系统健康评价．生态学报，2008，28：544～550.

（38）王永芬，莫兴国，郝彦宾，郭瑞萍，黄祥忠，王艳芬．基于 VIP 模型对内蒙古草原蒸散季节和年际变化的模拟．植物生态学报，2008，32：1052～1060.

（39）吴清风，刘华杰．火烧对内蒙古草原中坚韧胶衣固氮活性的影响．植物生态学报，2008，32：908～913.

（40）闫玉春，唐海萍，常瑞英，刘亮．长期开垦与放牧对内蒙古典型草原地下碳截存的影响．环境科学，2008，29：1388～1393.

（41）杨丽娜，宝音陶格涛．不同改良措施对退化羊草草原（*Leymus chinensis*）的影响．中国沙漠，2008，28：312～317.

（42）袁飞，韩兴国，葛剑平，邬建国．内蒙古锡林河流域羊草草原净初级生产力及其对全球气候变化的响应．应用生态学报，2008，19：2168～2176.

（43）郑海霞，齐莎，赵小蓉，李贵桐，Angelika K，林启美．连续 5 年施用氮肥和羊粪的内蒙古羊草草原土壤颗粒状有机质特征．中国农业科学，2008，41：1083～1088.